Nisar Ali
Umm-i- Kalsoom
Shazia Bashir

Modificações superficiais correlacionadas com propriedades estruturais e mecânicas

Nisar Ali
Umm-i- Kalsoom
Shazia Bashir

Modificações superficiais correlacionadas com propriedades estruturais e mecânicas

ScienciaScripts

Imprint

Cover image: www.ingimage.com

This book is a translation from the original published under ISBN 978-3-330-02143-3.

Publisher:
Sciencia Scripts
is a trademark of
Dodo Books Indian Ocean Ltd. and OmniScriptum S.R.L publishing group

120 High Road, East Finchley, London, N2 9ED, United Kingdom
Str. Armeneasca 28/1, office 1, Chisinau MD-2012, Republic of Moldova, Europe
Printed at: see last page
ISBN: 978-620-7-60786-0

Índice

Resumo

A morfologia da superfície da prata ablacionada com laser de femtossegundo (Ti: safira, 800 nm, 30 fs, 1 KHz) foi investigada em correlação com as alterações produzidas nas suas propriedades estruturais e mecânicas. Os alvos foram expostos a um número variável de impulsos laser, de 500 a 2000, a uma fluência fixa de 3,6 J/cm^2 em ambientes de ar, etanol, propanol e desionizado. As características da superfície, a composição química, a análise estrutural e as propriedades mecânicas dos alvos irradiados foram avaliadas utilizando o Microscópio Eletrónico de Varrimento (SEM), a Espectroscopia de Raios X por Dispersão de Energia (EDS), a Difração de Raios X (XRD), a Espectroscopia Raman e o aparelho de ensaio de nano-dureza. Várias características como nanoporos, nanoprotrusões orientadas aleatoriamente, nanocavidades, nanorims, ondulações, estruturas dendríticas e crateras de grandes dimensões, juntamente com cavidades dentro das crateras, são observadas na área ablacionada após a irradiação. Vários fenómenos térmicos e químicos induzidos pelo aquecimento a laser na interface sólido-líquido são responsáveis pelo crescimento de diferentes estruturas na superfície da prata. Os diferentes mecanismos de interação, tais como a pressão de recuo, a produção de bolhas, os diferentes coeficientes de absorção, bem como a incorporação de diferentes elementos, por exemplo, oxigénio, hidrogénio e carbono, em diferentes composições após reatividade química com líquidos, desempenham um papel significativo na evolução de diferentes morfologias de superfície. Observa-se um aumento da nanodureza em todos os ambientes, que depende de vários factores, incluindo os defeitos da rede, a densidade do teor de óxidos, a composição das fases, o tamanho e a distribuição dos grãos e a estrutura cristalina.

Palavras chave: Morfologia da superfície, ambientes ambientais, difusão, cristalinidade, nano-dureza

Capítulo 1. Introdução

Devido às várias vantagens únicas do laser, tais como o processamento sem contacto, a elevada produtividade, a eliminação de impurezas, a capacidade de automatização, a redução dos custos de processamento, a maior utilização do material, a melhoria da limpeza da superfície, uma zona mínima afetada pelo calor e a deposição de películas finas, etc., o laser tem uma importância significativa no processamento de materiais. A estruturação de superfícies de metais com base em laser é uma tecnologia flexível e em rápido crescimento. Os lasers têm a capacidade de fornecer uma grande quantidade de energia a uma região confinada do material alvo para obter a resposta desejada do material. Esta energia é absorvida na região próxima da superfície, no caso de materiais opacos, e altera a sua estrutura cristalina, modificando a química da superfície, e/ou sem alterar as propriedades do material, altera a morfologia multiescala. Muitas propriedades dos materiais, tais como as características tribológicas, ópticas, eléctricas, adesivas, biológicas e químicas, podem ser alteradas adaptando a topografia da superfície às necessidades de uma aplicação específica. Podemos controlar as características da superfície à escala micrométrica e mesmo nanométrica utilizando a ablação por laser pulsado de nanossegundos. O objetivo básico deste trabalho é investigar os mecanismos físicos primários que determinam a eficácia realista da utilização de lasers para a ablação e modificação de metais de transição em diferentes ambientes.

Desde o trabalho inicial com lasers de rubi pulsados, registado no início dos anos 60, verificou-se que ocorrem alterações permanentes nas propriedades dos materiais devido à interação única da luz laser com o material, o que não pode ser facilmente conseguido por outros meios. Posteriormente, foi desenvolvida a ablação por laser pulsado (PLA) de sólidos. Uma vez que a ablação de materiais sólidos é simplesmente realizada numa câmara de deposição convencional com gases cheios ou no vácuo, a maioria dos investigadores concentrou-se na ablação de sólidos em ambiente gasoso diluído e no vácuo, ou seja, na ablação numa interface sólido-gás, com vista a uma variedade de aplicações, tal como mencionado anteriormente [1-4]. Por exemplo, limpeza de superfícies a laser, deposição a laser pulsado (PLD) e formação de pós superfinos através da ablação a laser de alvos sólidos em ambientes gasosos, etc. [57].

Dependendo da duração específica do impulso durante o PLA, vários processos de interação feixe-matéria tornam-se dominantes. Para lasers com duração de impulso na gama dos nanossegundos, o processo de ablação é dominado pela fusão, evaporação, condução de calor e formação de plasma (Fig. 1.1a). A superfície da peça de trabalho absorve a energia do impulso laser e forma-se um campo de temperatura devido à condução de calor. Dependendo da temperatura atingida, o material é transferido para um estado de plasma, fundido ou evaporado. A ablação é confirmada tanto pela expulsão do material fundido como pela evaporação. Depende da energia e da duração do impulso, qual o processo de ablação dominante. Para impulsos laser de femtossegundos de escalas de tempo curtas, estas metáforas clássicas da interação feixe-matéria perdem a sua validade. Devido às intensidades extremas dos impulsos laser de femtosegundo, a absorção é reforçada por mecanismos não lineares de absorção multifotónica.

Além disso, em escalas de tempo de femtossegundos, a energia não pode ser transportada instantaneamente do gás eletrónico para a rede iónica. Aqui, novas metáforas térmicas que distinguem entre a temperatura do gás e- e a temperatura da rede, o modelo de duas temperaturas, tornam-se essenciais para explicar os fenómenos térmicos [8, 9]. Na ablação por laser de femtossegundos, formam-se enormes pressões, temperaturas e densidades e o material ionizado é acelerado a enormes velocidades. Devido ao pequeno tempo de interação, a evaporação contínua do material não pode ter lugar, sendo transformado em líquido sobreaquecido. Este combina-se numa mistura de gotículas líquidas de alta pressão e vapores em rápida expansão (Fig. 1.1b). Este processo é geralmente conhecido como explosão de fase [10-13]. Em 1987, Patil e os seus colaboradores introduziram a ideia da ablação por laser pulsado de materiais na interface sólido-líquido. Ablacionou um alvo de ferro puro utilizando laser pulsado em meio aquoso para formar óxidos de ferro em fases metaestáveis [14]. A este método foi então dado o nome de Ablação por Laser Pulsado em Fase Líquida (LP-PLA). Neste processo, o laser é focado na superfície do alvo, submerso no líquido, através do líquido. Ogale [15] seguiu o trabalho de Patil [14] e alargou-o à modificação da superfície de metais, tendo examinado o potencial da LP-PLA de sólidos em líquidos, como a carbonização, a nitruração e a oxidação de metais. Produziu também estruturas metaestáveis utilizando PLA de sólidos submersos em vários líquidos de confinamento. Por exemplo, após irradiação de grafite imersa em líquido de benzeno com laser de rubi pulsado, observaram a formação de fase diamante a partir de pequenas partículas evacuadas. O trabalho pioneiro de Patil e Ogale abre novos caminhos para o processamento de materiais com base na ablação por laser pulsado de metais/semicondutores em vários líquidos. Em primeiro lugar, a modelação da superfície após a irradiação laser foi conseguida através do mecanismo de gravura húmida originado pela irradiação laser de líquidos absorventes na interface líquido-substrato. Em segundo lugar, o laser foi utilizado na interface líquido-sólido para preparar revestimentos de superfície em substratos. Em terceiro lugar, com base no efeito de expulsão da irradiação laser num ambiente líquido confinado, foi desenvolvida a técnica de limpeza a laser a vapor para eliminar pequenas partículas das superfícies dos substratos. Em quarto lugar, foram fabricadas várias nanoestruturas e nanocristais por ablação de sólidos em vários líquidos de confinamento. Por outro lado, no que respeita às características básicas da LP-PLA de sólidos, Fabbro e colaboradores [16-22], com base nos resultados experimentais do método das ondas de choque e da espetroscopia de emissão, descreveram os mecanismos potenciais relativos à termodinâmica da pluma de plasma formada pela PLA. Grigoropoulos e colaboradores [23-26], utilizando técnicas ópticas, descreveram os comportamentos cinéticos e termodinâmicos do crescimento, nucleação e colapso das bolhas. Curiosamente, os estudos demonstram que, no interior da pluma de plasma induzida por laser, a pressão atinge uma magnitude de GPa e a temperatura atinge vários milhares de Kelvin após a aplicação do PLA em líquidos. Tan et al. [27] propuseram que os lasers de femtossegundos podem gerar ambientes de pressão e temperatura mais elevadas numa área confinada do líquido do que o impulso laser de nanossegundos. O processo de arrefecimento também é rápido no mecanismo de ablação por laser de femtossegundos, o que determinou a diferença entre os produtos produzidos com ablação por laser de nanossegundos e femtossegundos pulsados. Estes estudos revelam a singularidade do LP-PLA para a síntese de materiais, especialmente as estruturas metaestáveis que preferem a alta pressão e a alta temperatura. Recentemente, Ogata et al. [28-32] elucidaram que ocorrem reacções químicas significativas na interface entre o líquido e a pluma de plasma. Mediram os parâmetros termodinâmicos da pluma de plasma, o que implica que uma variedade de compostos pode ser criada no ambiente de alta pressão e alta temperatura. Tan et al. [27] relataram a síntese de zircónia nanocristalina após irradiação de zircónio com laser de femtossegundo em líquido. Por essa razão, Yang et al. [33] designaram o processo de material baseado em laser como reação de interface líquido-sólido induzida por laser pulsado (PLIIR).

Vários estudos relataram uma ablação eficiente num ambiente confinado à água durante a irradiação laser [34, 35]. O confinamento da expansão do plasma em exposições radiantes elevadas, o aumento da duração da onda de choque e a intensificação da pressão acústica na presença de uma camada líquida promovem, consequentemente, a eficiência da remoção de material [34, 36]. O papel dos líquidos durante a ablação por laser inclui a transferência de calor (convecção e/ou condução) e o movimento das bolhas, o que contribui para a redução da oxidação dos detritos e para a remoção das partículas ablacionadas que se podem redepositar na superfície

[35], pelo que o aumento do acoplamento de energia ao alvo proporciona uma maquinagem a laser limpa e precisa. Além disso, o líquido arrefece eficazmente o alvo, evitando a acumulação excessiva de calor. O rápido aumento da temperatura durante a formação do plasma cria bolhas de cavitação no líquido circundante [37], e a onda de choque gerada pelo colapso interno das bolhas e o desenvolvimento do jato de líquido durante o colapso das bolhas oferece um impacto de pressão consideravelmente forte no alvo como um efeito fotomecânico adicional [38].

Nos anos actuais, devido ao desenvolvimento de uma variedade de ferramentas tecnológicas, foram feitos muitos progressos neste domínio para explorar os processos físicos e químicos envolvidos durante a LP-PLA. Por conseguinte, é útil resumir informações importantes sobre a ablação por laser pulsado para aplicações tecnológicas e compreensão geral. A este respeito, foram efectuadas numerosas revisões oportunas dedicadas às características fundamentais dos processos de PLA de tecidos biológicos [39], ablação por laser de líquidos [40], soldadura e perfuração subaquáticas por irradiação por laser na interface sólido-líquido, e irradiação por laser para aplicações de gravação por laser sob líquido, limpeza e corte por laser na interface líquido-sólido [41]. Existe um livro [42] que se centra na limpeza por laser. Lamentavelmente, é desejável uma compreensão abrangente do PLA de líquidos, juntamente com o processo de ablação por laser de sólidos submersos em líquidos e as suas aplicações na geração de micro e nanoestruturas.

Nos últimos tempos, as indústrias de máquinas-ferramentas e automóvel estão a concentrar-se no endurecimento de superfícies por laser devido ao seu tempo de endurecimento reduzido, à menor deformação após o endurecimento e ao endurecimento seletivo da peça de acordo com a sua função. A monitorização em tempo real e a avaliação não destrutiva do endurecimento de superfícies a laser foram investigadas por Xu et al. [43]. Estudos experimentais e teóricos sobre o endurecimento por transformação a laser de aço com feixe personalizado foram efectuados por Leung et al. [44].

O presente estudo trata da ablação de sólidos por laser pulsado de femtosegundo no ar e na interface líquido-sólido, que tem sido intensamente estudada nas últimas décadas devido às suas importantes aplicações tecnológicas, tais como o processamento de materiais com base em laser, a síntese química a alta temperatura e o fabrico de uma vasta gama de novos materiais, tais como nanocristais metálicos, óxidos metálicos, nanodiamantes e nanocristais afins. Em resposta à energia laser de femtosegundo absorvida no ar e sob vários líquidos, forma-se uma variedade de micro/nanoestruturas, como nanoporos, nanoprotrusões orientadas aleatoriamente, nanocavidades, nanorims, estruturas dendríticas, crateras, cavidades no interior das crateras e LIPSS. Este trabalho fornece uma visão profunda da física subjacente aos processos de interação entre o feixe de laser de femtosegundo e a matéria e explora os processos físicos e químicos envolvidos durante o PLA e o LP-PLA de prata (Ag). O objetivo básico deste trabalho é observar a resposta do metal Ag ao laser de femtossegundos quando exposto a vários números de impulsos laser acumulados no ar e numa variedade de líquidos. A irradiação da Ag no ar e em líquidos afecta a sua cristalinidade e composição química devido aos diferentes mecanismos envolvidos relacionados com a interação do laser de femtossegundos em ambos os ambientes.

Neste capítulo, também avaliamos os mecanismos responsáveis pela produção de tensões residuais e pela difusão de calor nos metais após a irradiação com lasers de femtosegundo. Também estamos a prestar atenção para distinguir os mecanismos básicos responsáveis pelas alterações superficiais, estruturais e mecânicas produzidas nos metais após a irradiação com lasers de femtossegundos. A análise SEM permite-nos estudar a morfologia da superfície dos alvos metálicos após irradiação com vários números de impulsos de laser de femtossegundos em ambientes secos e líquidos. As análises EDS, XRD e Raman são efectuadas para analisar a composição química e a análise de fase dos alvos ablacionados. Para estudar o efeito da irradiação laser de femtosegundos na dureza da Ag, é utilizado um aparelho de nano-dureza. Estamos muito interessados em correlacionar o crescimento de micro e nanoestruturas e o melhoramento das propriedades mecânicas da prata com as alterações estruturais e químicas produzidas na superfície devido ao aumento da reatividade química da Ag com o meio ambiente após a irradiação com lasers de femtosegundo.

Ag, o metal de transição branco, é famoso pela sua reputação e utilização em moedas e jóias, mas hoje em dia, a sua principal utilização é industrial, seja em painéis solares ou telemóveis, estão continuamente a surgir novos avanços para tirar partido das propriedades únicas da prata. É um metal nobre porque se opõe à oxidação e à corrosão. Por ser o melhor condutor elétrico e térmico de todos os metais, é perfeito para aplicações eléctricas. As suas características não tóxicas e antimicrobianas tornam-no útil em produtos de consumo e na medicina. A fotossensibilidade da Ag especificou o seu lugar na fotografia com película [45].

Capítulo 2. Instalação experimental

Para a ablação de alvos de titânio, foi utilizado um amplificador laser de Ti: safira com amplificação de impulsos em quiral (CPA), alimentado por um oscilador de Ti: safira com bloqueio de modo. O sistema estava a funcionar com um comprimento de onda central de cerca de 800 nm, uma taxa de repetição de 1 KHz e uma duração de impulso de cerca de 30 fs. O feixe foi focado através de uma lente com uma distância focal de 20 cm. A fluência foi calculada utilizando a relação

$$\text{Fluence} = \frac{2E}{\pi\omega_f^2}$$

Onde E é a energia pulsada que foi 191 μJ e foi medida pelo medidor de potência/energia, ω_f foi o tamanho do ponto do feixe focado e o seu valor foi 58 μm medido pela análise SEM (para um único pulso). Utilizando estes valores, obtém-se um valor de fluência de 3,6 J/cm^2 . Os alvos de titânio com dimensões de 8 mm x 8 mm x 2 mm foram triturados, polidos e limpos por ultra-sons com acetona durante 30 minutos. Os alvos preparados foram colocados numa cuvete de quartzo com uma altura de 45 mm e uma largura de 10 mm com a ajuda de um suporte de alvos. O esquema da configuração experimental é apresentado na Fig. 1.

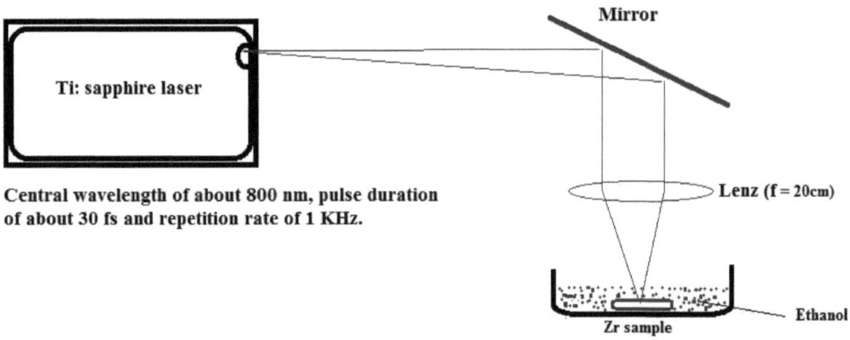

Figura 1: Diagrama esquemático da instalação experimental.

Para cada exposição, encheu-se a cuvete de quartzo com líquido fresco. A espessura da camada de líquido acima da superfície da amostra era de cerca de 4 mm. Todas as amostras foram irradiadas com laser para uma fluência laser constante de 3,6 J/cm^2 . O número de impulsos laser sobrepostos utilizados para a exposição dos alvos foi de 500, 1000, 1500 e 2000. Foram efectuadas quatro séries de experiências com os mesmos parâmetros laser.

(a) Ablação por laser de femtossegundo de Ag no ar

(b) Ablação por laser de femtossegundo de Ag em etanol

(c) Ablação por laser de femtossegundo de Zr em propanol

(d) Ablação por laser de femtossegundo de Ag em água desionizada

Para o comprimento de onda de 800 nm, a percentagem de absorção da energia laser foi calculada em 2,05% para a água desionizada e 2,76% para o propanol. Utilizando a seguinte equação da Lei de Beer-Lambert

$$I(x) = I_o e^{-\alpha x}$$

O valor do coeficiente de absorção foi avaliado para o etanol, o propanol e a água desionizada, que é de 1,0570 x 10^{-2} mm^{-1} , 1,02 x 10^{-2} /mm e 7,6 x 10^{-3} /mm para o etanol, o propanol e a água desionizada, respetivamente.

A morfologia da superfície dos alvos de titânio irradiados foi investigada utilizando SEM (FEI-QUANTA 200F). A análise EDS foi efectuada para a análise química dos alvos irradiados. A análise estrutural e de fase foi efectuada utilizando o difratómetro de raios X (X'Pert PRO MPD) e o espetrómetro Micro Raman (DONGWOO OPTRON, MSS-400A). A nano-dureza foi medida utilizando um medidor de nano-dureza (CSM instruments, NHT+MHT)

Capítulo 3. Resultados e discussão

3.1 Efeito na morfologia da superfície

A Fig. 2 revela a morfologia da superfície da totalidade (a-d), das áreas centrais ablacionadas ampliadas (e-h) e das áreas periféricas ablacionadas ampliadas (i-l) das amostras de prata após irradiação em ambiente de ar ambiente para vários números de impulsos de laser, ou seja, 500, 1000, 1500 e 2000. A Fig. 2(a) representa a vista geral da amostra de prata após irradiação com 500 impulsos de laser. É formada uma área ablacionada de forma não uniforme com HAZ de tamanho ~70 μm x 40 μm. O aumento do número de impulsos de laser até 2000, Fig. 2(c- d), mostra um aumento do tamanho da ZTA na área ablacionada até ~100 μm x 60 μm. Também se observa a presença de material redepositado longe da ZTA, cuja magnitude aumenta com o aumento do número de impulsos de laser até 2000. A grande magnitude do material redepositado ou detritos perto do local de ablação, mas na região mais afastada do centro da área ablacionada, existem apenas depósitos finos do material ablacionado.

As imagens SEM da Fig. 2(e-h) representam a área central ablacionada modificada das amostras de prata após irradiação num ambiente de ar para vários números de impulsos laser, ou seja, (e) 500, (f) 1000, (g) 1500 e (h) 2000. A Figura 2(e) mostra uma estrutura de superfície à escala nanométrica produzida após irradiação com um número de impulsos laser de 500. As estruturas são compostas por nanoprotrusões orientadas aleatoriamente com pontas esféricas, glóbulos redepositados, nanocavidades de forma arbitrária, nanorims à volta das nanocavidades e sinais de fusão. O aumento do número de impulsos laser até 1000 mostra um aumento da densidade e uma diminuição do tamanho dos glóbulos e das nanoprotrusões. Também se observam salpicos e estruturas semelhantes a células. Aumentando ainda mais o número de impulsos de laser até 1500, observam-se estruturas de superfície periódicas induzidas por laser cobertas por nanoestruturas (NC-LIPPS) na secção inferior direita da Fig. 2g, com uma periodicidade média de cerca de 1pm. A secção superior da Fig. 2g representa uma grande cavidade, juntamente com uma diminuição do tamanho das nãooprotrusões e dos glóbulos. O aumento do número de impulsos laser até 2000 resulta em mais nanoprotrusões, nanocavidades e nanorimbos de pequenas dimensões (Fig. 2h).

A Fig. 2 (i-l) revela as imagens SEM ampliadas da área ablacionada periférica dos alvos de prata após irradiação num ambiente de ar para vários números de impulsos, ou seja, (i) 500, (j) 1000, (k) 1500 e (l) 2000.

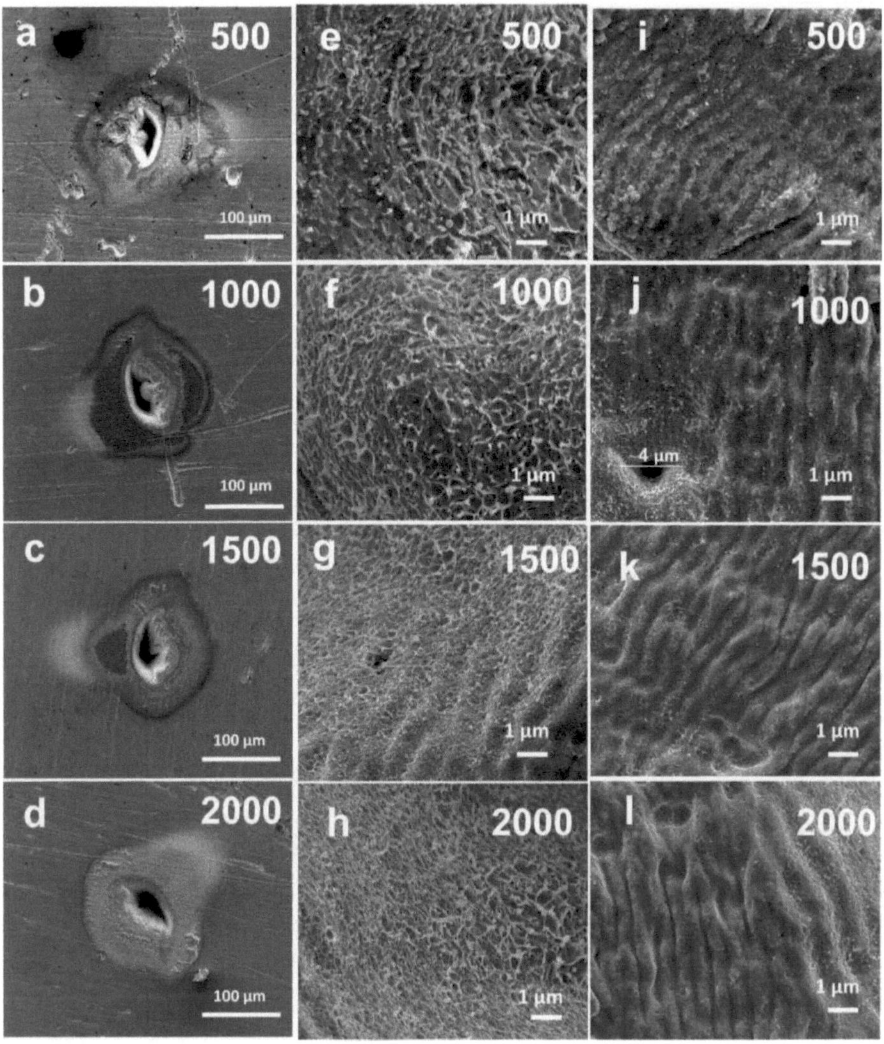

Figura 2: Imagens SEM que revelam a morfologia da superfície de amostras de prata após irradiação em ambiente de ar, para vários números de impulsos de laser de femtosegundo de 500, 1000, 1500 e 2000 a uma fluência fixa de 3,6 Jcm^{-2} . Áreas ablacionadas globais (a-d), áreas ablacionadas centrais ampliadas (eh) e áreas ablacionadas periféricas ampliadas (i-l).

A Fig. 2(i) mostra a formação de LIPSS com uma periodicidade média de 638 nm, juntamente com fissuras e alguns sinais de fusão.

O aumento do número de impulsos laser para 1000 resulta num aumento da periodicidade média do LIPSS até 721 nm, Fig. 2(j). A parte superior da Fig. 2(j) mostra a imagem ampliada da cratera de diâmetro ~ 4 μm, formada na periferia. A cratera está rodeada por ondulações circulares. A periodicidade destas estruturas diminui em direção à periferia da cratera. O aumento do número de impulsos de laser até 2000 resulta num aumento da periodicidade média do LIPSS até 900 nm, que é superior ao comprimento de onda do laser de 800 nm.

O aumento da área da ZTA deve-se ao facto de os primeiros impulsos alterarem a rugosidade da superfície do alvo e melhorarem a absorção da superfície. Os impulsos seguintes interagem com o alvo absorvente melhorado e, consequentemente, o tamanho da área ablacionada aumenta [46]. A configuração observada do material redepositado ao longo da área ablacionada deve-se a uma forte onda de choque em expansão que transporta as partículas ablacionadas para longe da ZTA durante a expansão. Após o arrefecimento e a estagnação, a região atrás da frente de choque é preenchida com gás recorrente, que leva os detritos de volta à superfície. A irradiação multipulsos repete o processo com a consequência adicional de que o forte choque inicial limpa os detritos que não estão firmemente ligados à superfície a partir de uma região interior.

Podemos ver na Fig. 2(e-h) que uma nanocavidade é sempre acompanhada imediatamente por um nanorim ou nanoprotrusão, representando uma transferência de material à escala nanométrica para um local adjacente. Estas saliências e quedas à escala nanométrica ocorrem aleatoriamente no ponto de laser, sugerindo uma deposição não uniforme da energia laser. Seguem-se alguns factores potenciais responsáveis pela variação espacial da energia laser absorvida: (1) o aumento da absorção por defeitos superficiais, (2) a não homogeneidade espacial do feixe incidente, (3) a interferência das ondas electromagnéticas superficiais excitadas devido a defeitos estruturais com a luz laser incidente. As variações espaciais na energia laser depositada podem gerar uma fusão em sítios locais à nanoescala dentro da área irradiada. Após a formação da fusão localizada à nanoescala, um gradiente de temperatura radial elevado numa nanofusão pode persuadir um gradiente de tensão superficial radial que expulsa o líquido para a periferia da nanofusão [47]. Este facto conduzirá ao desenvolvimento de nanocavidades, nanorimbos e nanoprotrusões devido à rápida congelação do líquido expelido [47]. Estas nanoestruturas superficiais aleatórias produzidas podem melhorar a absorção da luz laser [48] devido ao aumento da absorção espacial não uniforme de energia. Este aumento da absorção de energia resulta num aumento da fusão do alvo, o que leva à diminuição do tamanho dos glóbulos e das nanoprotrusões e ao reenchimento das cavidades.

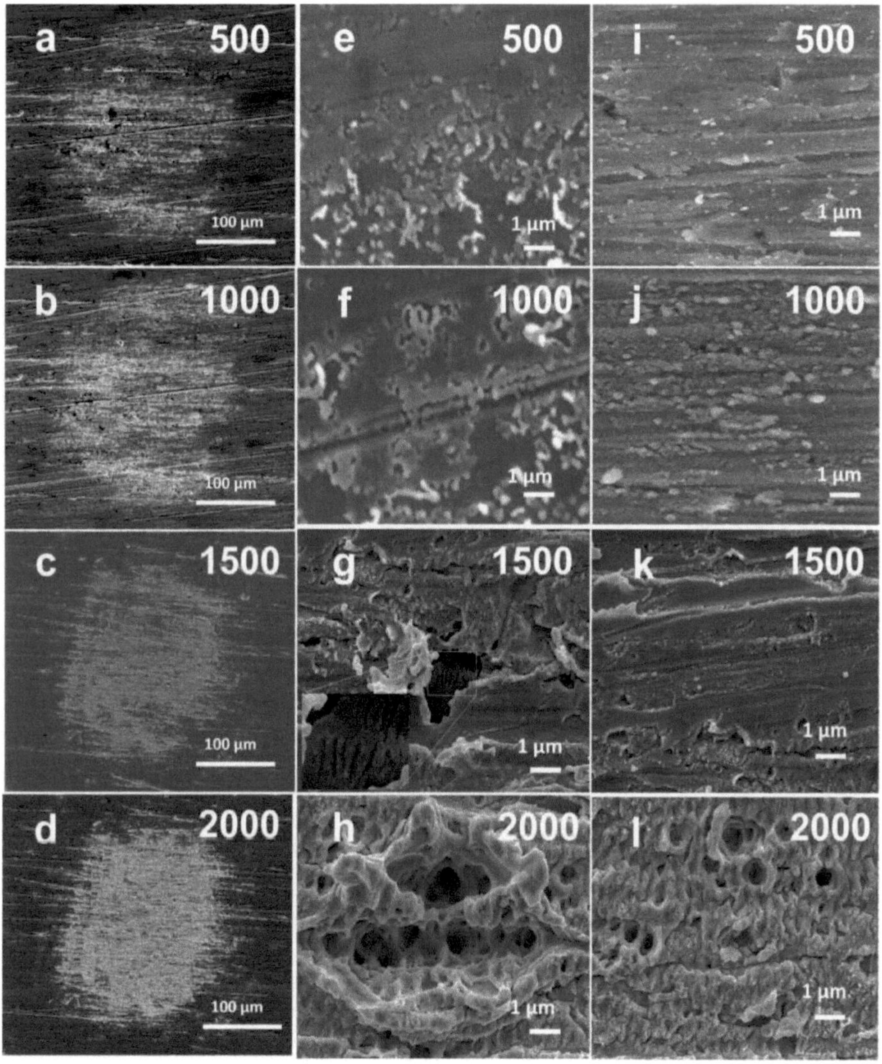

Figura 3: Imagens SEM que revelam a morfologia da superfície de amostras de prata após irradiação em ambiente de etanol, para vários números de impulsos de laser de femtosegundo de 500, 1000, 1500 e 2000 a uma fluência fixa de 3,6 Jcm^{-2} . Áreas ablacionadas globais (a-d), áreas ablacionadas centrais ampliadas (e-h) e área ablacionada periférica ampliada (i-l).

A formação de nanoestruturas periódicas com comprimento de onda próximo do comprimento de onda do laser em metais é geralmente explicada pelo mecanismo de interferência ou pelo processo auto-organizado. De acordo com o modelo de interferência, prevê-se que o período das ondulações seja aproximadamente igual ao comprimento de onda do laser λ. Uma vez que os LIPSS em nanoescala apresentados na Fig. 2(i-l) exibem um período espacial quase igual ao comprimento de onda do laser. É provável que a interferência entre a onda de Plasmon de superfície excitada formada na interface dielétrico-material e a luz laser incidente crie um gradiente térmico periódico devido à variação periódica da intensidade na superfície [49, 50]. A possível razão para o aumento da periodicidade destas estruturas deve-se à absorção cumulativa de energia pela superfície da prata e, consequentemente, à deformação e impressão do material em grande escala que ocorrerá com o aumento do número de impulsos [51].

A Fig. 3 revela a morfologia da superfície da totalidade (a-d), da área central ablacionada ampliada (e-h) e da área periférica ablacionada ampliada (i-l) das amostras de prata após irradiação em ambiente de etanol para vários números de impulsos laser, ou seja, 500, 1000, 1500 e 2000. A Fig. 3(a-d) representa a vista geral dos alvos submetidos a ablação para vários números de impulsos laser, ou seja, (a) 500, (b) 1000, (c) 1500 e (d) 2000. A Fig. 3a mostra a vista geral da área ablacionada com o tamanho médio da área ablacionada ~ 275 μm x 220 μm para 500 impulsos de laser. Isto indica que a morfologia da superfície da área ablacionada produzida em ambiente de etanol é mais suave e muito maior em tamanho do que as produzidas no ar ambiente. O aumento do número de impulsos de laser até 2000, Fig. 3 (b-d), mostra um pequeno aumento no tamanho da área ablacionada até ~275 μm x 235 μm.

A Fig. 3(e-h) representa a vista ampliada SEM da área central ablacionada de alvos de prata num ambiente de etanol para vários números de impulsos laser, ou seja, (e) 500, (f) 1000, (g) 1500 e (h) 2000. A Fig. 3(e) revela a presença de cavidades e estruturas dendríticas para um número de impulsos de laser de 500, juntamente com alguns sinais de fusão. O aumento do número de impulsos laser para 1000 resulta num aumento do tamanho das estruturas dendríticas e numa maior fusão. Também se observam cavidades e fissuras na Fig. 3(f). O aumento do número de impulsos laser até 1500 resulta em danos significativos na morfologia da superfície, com aumento do tamanho e da densidade das cavidades. Observa-se também a formação de LIPSS em nanoescala no interior da cavidade, com um período médio de 152 nm, Fig. 3(g). A Fig. 3(g) representa a vista ampliada do LIPSS formado no centro da Fig. 3(g). A Fig. 3(h) representa a morfologia da amostra ablacionada após 2000 pulsos de laser. Observa-se uma cratera de grandes dimensões contendo um grande número de cavidades dentro das cavidades.

A Fig. 3(i-l) mostra a morfologia ampliada da superfície da área periférica ablacionada de alvos de prata num ambiente de etanol para vários números de impulsos laser, ou seja, (i) 500, (j) 1000, (k) 1500 e (l) 2000. A Fig. 3(i) mostra que o número de impulsos laser de 500 não tem qualquer efeito significativo na morfologia da superfície do alvo. O aumento do número de impulsos de laser até 1500 resulta na formação de cavidades e fissuras, juntamente com alguns sinais de fusão. Um aumento adicional do número de impulsos laser até 2000 resulta na formação de nanocrateras, cavidades e fissuras. A formação de nanoestruturas periódicas difusas também é observada para o número 2000 de laser.

O aumento do diâmetro médio da área ablacionada é atribuível à onda de choque que melhora a ablação em duas direcções: na direção do feixe de laser e na direção perpendicular ao feixe de laser [52]. A formação de estruturas dendríticas é atribuível ao aumento da taxa de arrefecimento, típica do processamento de superfícies com laser, e ao enorme gradiente térmico [53]. A geração de LIPSS em nanoescala pode ser explicada com base na teoria dos Plasmões de Superfície (SP's) [54]. A excitação de polaritões de plasmões de superfície por defeitos de superfície isolados e superfícies rugosas provoca a formação de LIPSS após irradiação por múltiplos impulsos de laser [55]. Durante a interação do laser, uma densidade crítica de electrões está próxima da superfície da amostra. Com incidência normal, o campo elétrico do laser (E) estimularia oscilações paralelas à superfície. A luz laser será difundida tangencialmente à superfície devido às irregularidades da superfície, o que poderá produzir um padrão de onda estacionária. A combinação das ondas incidentes, difractadas e reflectidas pode dar origem a uma distribuição do campo elétrico E, que é capaz de provocar oscilações localizadas no plasma [54, 56]. Isto resulta na deslocação do material sob a forma de LIPSS [54, 56]. Em trabalhos anteriores, [11] foram reconhecidos três tipos de processos de remoção de material térmico como principais processos de remoção de material de amostras irradiadas com laser, nomeadamente, ebulição normal (equilíbrio), vaporização e ebulição explosiva (explosão de fase). Verificou-se que a ebulição normal e a vaporização não são importantes para a irradiação laser pulsada ultracurta. A explosão de fase, definida pela primeira vez por Martynyuk et al. [57], é o processo mais viável e eficiente para a remoção de material. De acordo com a teoria termodinâmica da ebulição explosiva, o líquido fundido começa a ser sobreaquecido e passa a um estado metaestável.

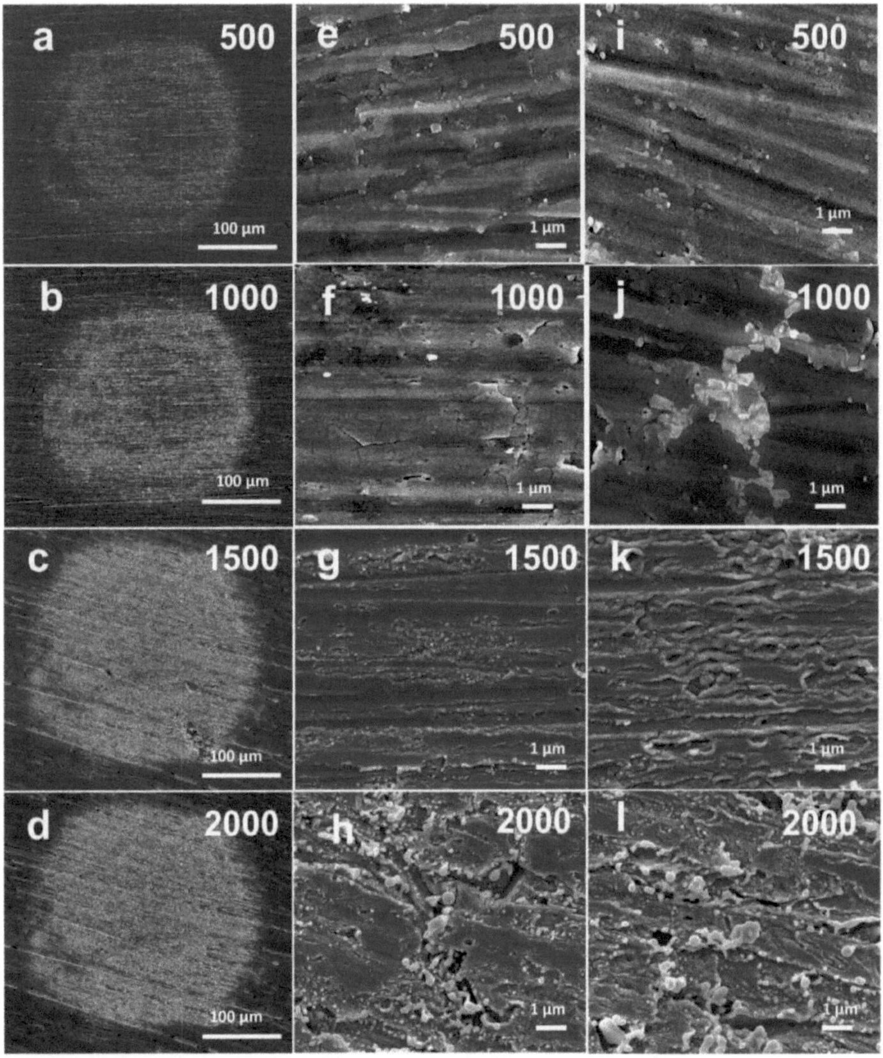

Figura 4: Imagens SEM que revelam a morfologia da superfície de amostras de prata após irradiação em ambiente de propanol, para vários números de impulsos de laser de femtosegundo de 500, 1000, 1500 e 2000 a uma fluência fixa de 3,6 Jcm^{-2} . Áreas ablacionadas totais (a-d), áreas ablacionadas centrais ampliadas (e-h) e área ablacionada periférica ampliada (i-l).

Quando a intensidade do laser é suficientemente elevada, a temperatura do alvo aquecido a laser pode exceder um determinado limite, formando-se, consequentemente, uma camada de líquido superaquecido metaestável. A nucleação homogénea de bolhas terá lugar nesta camada de líquido sobreaquecido, e o "líquido" é basicamente uma mistura de vapor e gotículas de líquido que pode facilitar a ebulição explosiva [58]. As tensões térmicas geradas durante a irradiação são responsáveis pela formação de fissuras [59].

A Fig. 4 revela a morfologia da superfície global (a-d), a área central ablacionada ampliada (e-h) e a área periférica ablacionada ampliada (i-l) das amostras de prata após irradiação em ambiente de propanol para vários números de impulsos laser, ou seja, 500, 1000, 1500 e 2000. A Fig. 4 (a-d) representa a vista geral dos alvos de prata após irradiação com vários números de impulsos de laser, ou seja, (a) 500, (b) 1000, (c) 1500 e (d) 2000. Observa-se uma área ablacionada circular mais suave e de maiores dimensões com um diâmetro médio de 260 μm para um número de impulsos de laser de 500 (Fig. 4a). O aumento do número de impulsos de laser até 2000 (Fig. 4d) resulta num aumento do diâmetro da área ablacionada de 260 μm para 314 μm.

A Fig. 4(e-h) revela a morfologia ampliada da superfície da área central ablacionada dos alvos de prata após irradiação num ambiente de propanol para vários números de impulsos laser (e) 500, (f) 1000, (g) 1500 e (h) 2000. A Fig. 4(e) mostra alguns poros e fissuras após irradiação com 500 impulsos de laser. O aumento do número de impulsos de laser até 1000 resulta num aumento do tamanho e da densidade dos poros e das fissuras (Fig. 4f). Um aumento adicional do número de impulsos de laser até 1500 resulta na formação de cavidades juntamente com o desaparecimento de fissuras e poros. Para um número de 2000 impulsos de laser, observam-se fissuras de grandes dimensões e muito mais largas, juntamente com glóbulos e alguns sinais de fusão.

A Fig. 4(i-l) mostra a morfologia ampliada da superfície da área ablacionada periférica de alvos de prata num ambiente de propanol para vários números de impulsos laser, ou seja, (i) 500, (j) 1000, (k) 1500 e (l) 2000. A Fig. 4(i) mostra a presença de alguns poros e pequenas gotículas após irradiação com 500 impulsos. O aumento do número de impulsos laser até 1000 (Fig. 4j) resulta numa maior fissuração da superfície do alvo após a irradiação. A presença de algumas fissuras na superfície também é evidente. O aumento do número de impulsos laser até 2000 (Fig. 4l) mostra uma maior formação de cavidades, fissuras largas e a presença de um grande número de glóbulos. A diminuição da densidade numérica dos poros e das fissuras é atribuível ao reenchimento com material liquefeito por choque [60]. A presença de alguns flacks na superfície representa um aumento da pulverização esfoliativa [59].

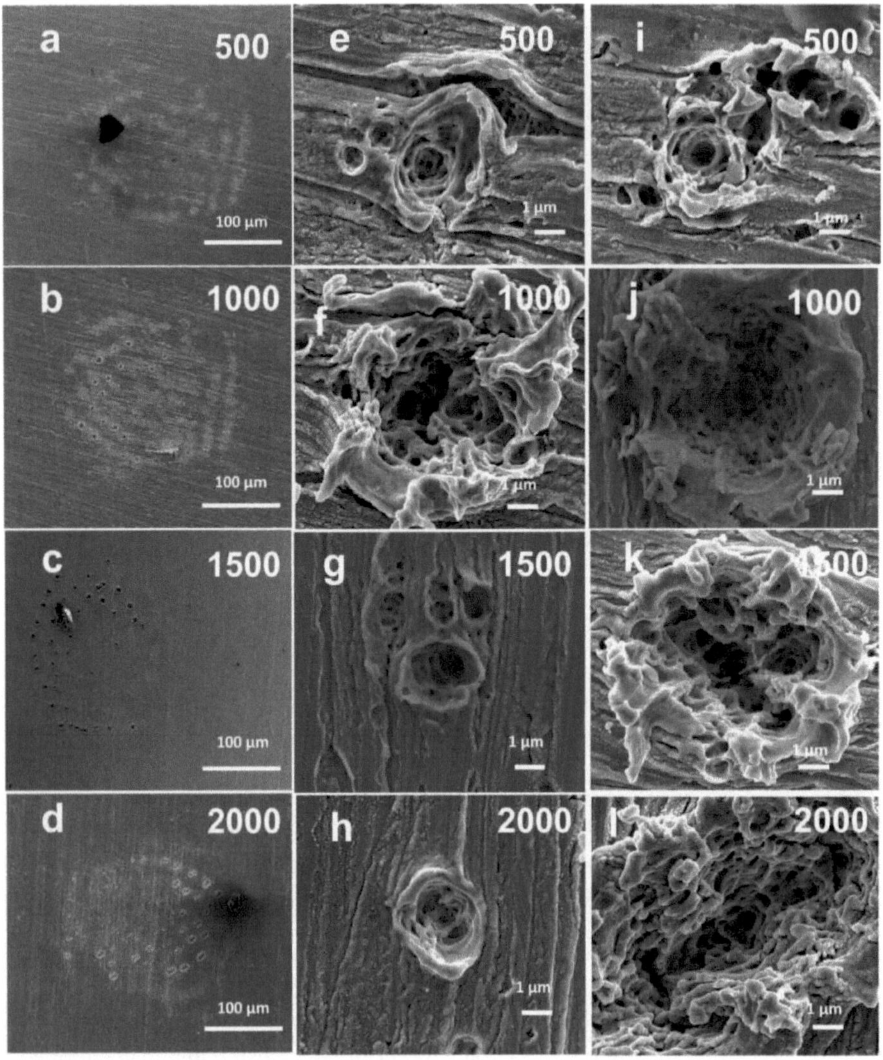

Figura 5: Imagens SEM que revelam a morfologia da superfície de amostras de prata após irradiação em ambiente de água desionizada, para vários números de impulsos de laser de femtosegundo de 500, 1000, 1500 e 2000 a uma fluência fixa de 3,6 Jcm^{-2} . Áreas ablacionadas gerais (a-d), áreas ablacionadas centrais ampliadas (e-h) e área ablacionada periférica ampliada (i-l).

A Fig. 5 revela a morfologia da superfície global (a-d), a área central ablacionada ampliada (e-h) e a área periférica ablacionada ampliada (i-l) das amostras de prata após irradiação em ambiente de água desionizada para vários números de impulsos de laser, ou seja, 500, 1000, 1500 e 2000. A Fig. 5 (a-d) representa a vista geral dos alvos de prata após irradiação com vários números de impulsos de laser, ou seja, (a) 500, (b)

1000, (c) 1500 e (d) 2000. Após a irradiação com um número de 500 impulsos de laser, forma-se uma área ablacionada elíptica lisa e de maiores dimensões, com um tamanho de ~ 235 µm x 175 µm (Fig. 5a). Observa-se um grande número de crateras auto-organizadas com um espaçamento médio de 20 µm, sem alteração do tamanho da área ablacionada após o aumento do número de impulsos de laser até 1000 (Fig. 5b). Um aumento adicional do número de impulsos de laser até 2000 resulta num aumento do tamanho das crateras, sem alteração do tamanho da área ablacionada.

A Fig. 5(e-h) revela a morfologia ampliada da superfície da área central ablacionada dos alvos de prata após irradiação num ambiente de água desionizada para vários números de impulsos laser (e) 500, (f) 1000, (g) 1500 e (h) 2000. A Fig. 5(e) mostra uma cratera irregular de grandes dimensões e uma fenda muito mais larga, juntamente com a presença de nanocavidades no interior da cratera. Observa-se um aumento do tamanho da cratera irregular e das cavidades no interior da cratera com o aumento do número de impulsos de laser até 1000 (Fig. 5f). Um aumento adicional do número de impulsos laser até 2000 resulta numa diminuição do tamanho das crateras e das cavidades no interior da cratera, Fig. 5(g-h).

A Fig. 5(i-l) revela a morfologia ampliada da superfície da área ablacionada periférica dos alvos de prata após irradiação num ambiente de água desionizada para vários números de impulsos de laser (i) 500, (j) 1000, (k) 1500 e (l) 2000. A Fig. 5(i) mostra crateras de forma irregular e cavidades no interior das crateras para um número de impulsos laser de 500. O aumento do número de impulsos laser até resulta num aumento do tamanho das crateras de forma irregular e das cavidades no interior das crateras, Fig. 5(j-l).

A distância média entre os carroceiros é de cerca de 20 µm. Esta distância não é fixa. Da mesma forma, o tamanho das crateras também não é o mesmo, variando de 6 a 8 µm. A formação de carateres múltiplos é atribuível a não uniformidades, inomogeneidades, vazios e modificação química do material (formação de óxido/hidretos/carbonetos na superfície do alvo). Estas não uniformidades são responsáveis pela deposição não uniforme de energia e, por conseguinte, o tamanho e a distância entre crateras não são uniformes. Os impulsos iniciais são responsáveis pela geração de defeitos. Os impulsos seguintes absorvem preferencialmente o campo elétrico nestes locais de defeito e, por conseguinte, formam-se várias crateras em vez de uma cratera grande[61, 62]. Observa-se uma diminuição da densidade da cratera, o que pode ser devido ao preenchimento por material derretido e liquefeito por choque, o que provoca o desaparecimento das crateras [63].

A comparação dos quatro meios apresenta diferenças significativas na morfologia da superfície da prata irradiada. Durante a ablação a seco (em ambiente de ar), a ablação máxima ocorre no centro e o material ablacionado redeposita-se ao longo da área ablacionada, formando um anel elíptico. Enquanto que no caso da ablação húmida (em etanol, propanol e água desionizada) se observa uma ablação mais uniforme sem redeposição periférica do material ablacionado. Porque as espécies ablacionadas são deixadas no líquido e não é permitida a redeposição destas espécies [64]. O rápido aumento da temperatura durante a expansão do plasma produzido pelo laser gera bolhas no líquido. O movimento das bolhas é responsável pela remoção das partículas ablacionadas [65]. O líquido também desempenha um papel significativo no arrefecimento eficiente do alvo, evitando a acumulação desnecessária de calor após a irradiação laser. Outra diferença percetível no aspeto da área ablacionada: a área ablacionada formada durante a ablação a seco mostra uma ZTA nítida com limites distintos e a cratera formada em etanol, propanol e água desionizada é menos distinta do que no ar. A área ablacionada formada no caso do etanol é mais difusa do que as áreas ablacionadas formadas em propanol e água desionizada. Isto pode dever-se a uma maior absorção da energia laser pelo etanol, em comparação com o propanol e a água desionizada, ou pode dever-se à diferença de reatividade química da prata com os diferentes líquidos. A área ablacionada formada em água desionizada apresenta crateras auto-organizadas na sua superfície. São observados vários tipos de características de superfície após a irradiação em todos os meios, ou seja, nanoporos, nanoprotrusões orientadas aleatoriamente, nanocavidades, nanorims, estruturas dendríticas, crateras, cavidades dentro das crateras, etc. Os LIPPS só são observados no caso de ablação em ambiente de ar e etanol, mas os LIPSS mais pronunciados só estão presentes no caso do ar. A análise EDS confirma o aumento do teor de oxigénio após a irradiação nos quatro meios. O XRD revela a formação de óxido de prata (Ag_2O, AgO) após a ablação em todos os meios. Os resultados de Raman também mostram a formação de óxidos de prata nos quatro meios, juntamente com a formação de um composto metal-alquilo ($M-CH_3$) e de um hidreto metálico (M-H) no caso do etanol e do propanol e de um hidróxido metálico (M-OH) no caso da ablação em água desionizada. As variações observadas na composição química são também responsáveis pelas diferenças na estruturação da superfície após a ablação em ambos os meios.

A formação de nanoporos, nanoprotrusões, nanorims, crateras e estruturas superficiais periódicas, etc., pode ser associada a uma variedade de mecanismos térmicos, incluindo a fusão produzida por laser, a tensão superficial e a ressolidificação de evacuações ablacionadas. Revela que os efeitos térmicos podem ser examinados em interacções laser-prata de femtossegundos para vários números de impulsos laser. Isto deve-se ao facto de, quando a energia do impulso é relativamente elevada, a superfície da amostra ser aquecida pela energia residual e por plasmas de temperatura ultra-alta, resultando em processos térmicos, que são designados por efeitos térmicos residuais [48]. Nas experiências com líquidos, como já foi referido, os líquidos arrefecem a superfície da amostra e as ejecções são também removidas por bolhas. Por conseguinte, as morfologias da superfície das crateras tornaram-se muito mais suaves e limpas.

A formação de crateras devido à evacuação de partículas do alvo por um impulso laser pode ocorrer por mecanismos não térmicos e térmicos. Durante o processo não térmico, a radiação laser incidente induz um grande número de electrões a um estado de não-equilíbrio excitado perto da superfície, o que provoca a quebra da ligação do material alvo e, subsequentemente, resulta na ejeção de iões da superfície do alvo [66]. No caso do mecanismo térmico, os iões obtêm energia dos electrões excitados através do processo de relaxação eletrão-fão, enquanto o calor é conduzido para a superfície sólida. O calor conduzido derrete a superfície da amostra e leva a sua temperatura local muito para além da temperatura de ebulição [67].

4.2Efeito na microestrutura da superfície

A Tabela 1 representa a análise EDX relativa da área não irradiada e da área central irradiada do alvo de Ag após exposição a 1000 impulsos laser em ambientes secos (ar) e húmidos (etanol, propanol e água desionizada).

Elementos	Não tratado (% em peso)	Ar (% em peso)	Etanol (% em peso)	Propanol (% em peso)	Água desionizada (% em peso)
Ag	98.62	91.27	89.31	92.68	89.28
O	1.38	8.73	10.69	7.32	10.72

Tabela 1: A análise química dos alvos de prata não irradiados e irradiados com laser de femtosegundo expostos a 1000 impulsos de laser a uma fluência de 3,6 Jcm^{-2} , em ambientes de ar, etanol propanol e água desionizada.

Observa-se um aumento do teor de oxigénio em todos os quatro ambientes, mas observa-se uma maior difusão de oxigénio no caso da água desionizada.

A Fig. 6(a) mostra os padrões de raios X da prata não tratada e da prata irradiada com laser exposta a vários números de impulsos de laser, de 500 a 2000, em ambiente de ar ambiente. No caso da prata não irradiada, são identificadas fases cúbicas de Ag (111), (200), (220) e (311) (padrão n.º 00-003-0921).

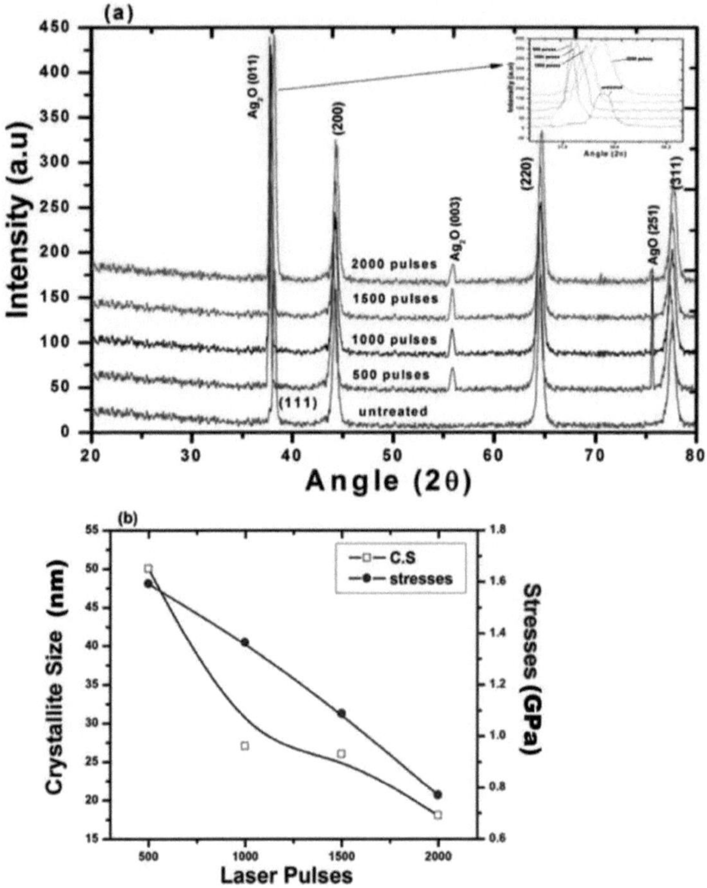

Figura 6: (a) Padrões de XRD da prata pura e da prata irradiada com laser de femtosegundo exposta a vários números de impulsos de laser a uma fluência fixa de 3,6 Jcm^{-2} num ambiente de ar ambiente. (b) A variação do tamanho dos cristais e das tensões em função dos impulsos.

Novas fases de óxido de prata (Hexagonal): Ag_2 O (011), (003); e (Tetragonal): AgO (251) são identificadas juntamente com as fases originais da prata. A Fig. 6(b) mostra a variação do tamanho dos cristalitos e as tensões residuais avaliadas para a reflexão do plano Ag_2 O (011) em função do aumento dos impulsos laser.

O tamanho dos cristais é avaliado para a reflexão do plano Ag_2 O (011) utilizando a *fórmula* de Scherrer [68]. As deformações residuais são avaliadas utilizando a seguinte relação [68, 69].

$$\text{Strain } (\varepsilon) = \frac{d - do}{do},$$

Onde e é a deformação induzida, d_0 é a norma e d é o espaçamento entre planos observado. As tensões induzidas são calculadas utilizando a relação dada a seguir

$$\text{Stress } (\sigma) = \varepsilon E,$$

Onde ε é a deformação induzida, E é o módulo de elasticidade, para Ag_2 O e o seu valor é 88,8 GPa [70].

A intensidade do pico (Fig. 6a) da reflexão plana de Ag_2 O (011) diminui com o aumento do número de impulsos laser até 2000. A diminuição da intensidade do pico é atribuível à difusão intersticial de átomos de oxigénio na superfície e à diminuição do tamanho dos cristais [71]. A difusão intersticial de átomos/iões de oxigénio induz defeitos de micro-deformação e estes defeitos induzidos provocam um aumento da FWHM e uma redução da intensidade do pico e do tamanho dos cristalitos [72].

A Fig. 6(b) mostra a variação das tensões residuais com o aumento do número de impulsos laser. A parte superior da Fig. 6(b) mostra a vista ampliada do pico observado de Ag_2 O (011), mostrando a deslocação do pico para posições angulares mais altas e mais baixas com o aumento do número de impulsos. Os choques térmicos induzidos pelo laser e os defeitos da rede gerados pela incorporação de iões de oxigénio na rede podem causar variações da tensão residual. A implantação de iões de oxigénio resulta geralmente em tensões de compressão, enquanto o choque térmico induzido por laser causa tensões de tração [73]. Para um número de impulsos de laser de 500, as tensões de tração são dominantes. O aumento do número de impulsos de laser até 2000 resulta no relaxamento das tensões de tração. O relaxamento das tensões residuais de tração deve-se ao aumento da FWHM e à redução do tamanho dos cristais [60]. A difusão intersticial de átomos de oxigénio na superfície causa o aumento da FWHM e a diminuição do tamanho dos cristalitos, o que provoca o relaxamento das tensões de tração (a presença de oxigénio é também confirmada pela análise EDS) [72]. A deslocação do pico para uma posição angular mais baixa para um número de 500 impulsos de laser é evidente para a presença de tensões residuais de tração elevada [12]. A mudança para uma posição angular mais elevada com o aumento do número de impulsos de laser confirma o relaxamento das tensões de tração. Durante a irradiação, ocorre a fusão do alvo e a ionização do ar ambiente, o que aumenta a taxa de reação entre as camadas fundidas do alvo e o oxigénio atómico. Esta reação durante a ressolidificação causa a formação de várias novas fases de óxidos de prata [71]. Estes resultados estão bem correlacionados com os resultados do SEM. Os choques térmicos induzidos pelo laser provocam a formação de cavidades. Por outro lado, o relaxamento das tensões de compressão é responsável pela formação de nanoestruturas cónicas [74, 75]. Os nanoporos, as nanocavidades de forma arbitrária e os nanorolos em torno de nanocavidades formados após irradiação com um número de 500 impulsos de laser em ambiente de ar ambiente (Fig. 2e) são atribuíveis à presença de tensões residuais de tração elevada. O preenchimento de nanoporos e nanocavidades com material fundido, juntamente com a formação de estruturas periódicas com o aumento do número de impulsos laser até 2000, é atribuído ao relaxamento das tensões residuais de tração.

A Fig. 7(a) mostra os difractogramas de raios X da prata não tratada e da prata irradiada com laser exposta a vários números de impulsos de laser, em ambiente de etanol. Novas fases de óxido de prata (Hexagonal): Ag_2 O (011), (012), (110); e (Tetragonal): AgO (251) são identificadas juntamente com as fases originais da prata. A Fig. 7(b) mostra a variação do tamanho dos cristalitos e das tensões residuais em função do aumento dos impulsos laser.

Observa-se um aumento acentuado da intensidade do pico (Fig. 7a) com o aumento do número de impulsos laser até 2000, o que se deve ao aumento do tamanho dos cristalitos (Fig. 7b) e ao aumento da difração dos raios X da superfície do alvo. A Fig. 7(b) mostra também a presença de tensões de compressão para um número de impulsos laser de 500, o que é atribuível ao pequeno tamanho dos cristais. O aumento do número de impulsos de laser até 1000 resulta na transformação das tensões de compressão em tensões de tração, que aumentam com o aumento do número de impulsos de laser até 2000. Este relaxamento das tensões de compressão e a sua transformação em tensões de tração com o aumento do número de impulsos de laser é atribuível ao choque térmico induzido pelo laser ou pode ser devido ao aumento do tamanho dos cristalitos causado pela difusão atómica através dos limites dos grãos [73]. A mudança do pico para uma posição angular mais baixa é também evidente para a transformação de tensões residuais de compressão em tensões de tração. O aumento da densidade de cavidades e da formação de crateras observado na Fig. 3(e-h) com o aumento do número de impulsos laser até 2000 é atribuível ao aumento das tensões residuais de tração [69].

A Fig. 8(a) mostra os difractogramas de raios X da prata não tratada e da prata irradiada com laser exposta a vários números de impulsos de laser, em ambiente de propanol.

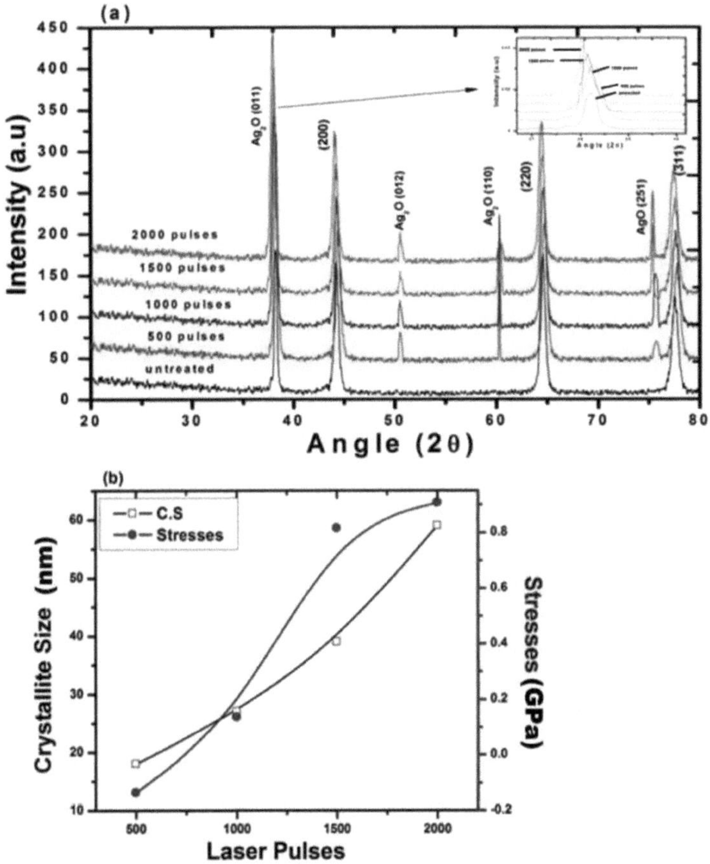

Figura 7: (a) Padrões de XRD da prata pura e da prata irradiada com laser de femtosegundo exposta a vários números de impulsos laser a uma fluência fixa de 3,6 Jcm^{-2} num ambiente de etanol. (b) A variação do tamanho dos cristais e das tensões para diferentes impulsos.

Novas fases de óxido de prata (hexagonal): Ag_2 O(011), (100); e (Tetragonal): AgO (224) são identificadas juntamente com as fases originais da prata. A Fig. 8(b) mostra a variação do tamanho dos cristalitos e das tensões residuais avaliadas para a reflexão plana de Ag_2 O (011) em função do aumento dos impulsos laser.

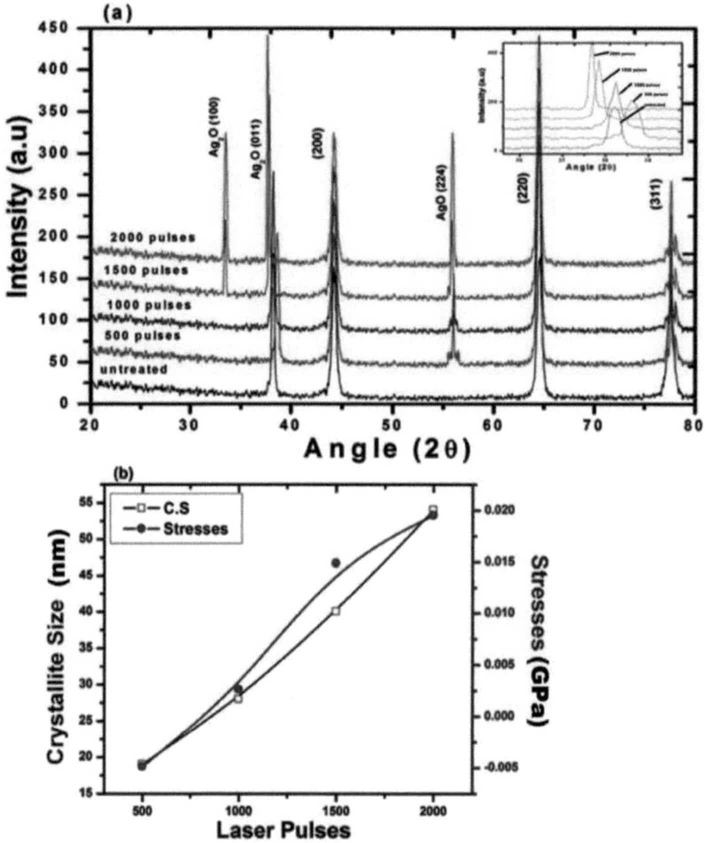

Figura 8: (a) Padrões de XRD da prata pura e da prata irradiada com laser de femtosegundo exposta a vários números de impulsos laser a uma fluência fixa de 3,6 Jcm^{-2} num ambiente de propanol. (b) A variação do tamanho dos cristais e das tensões em função dos impulsos.

Observa-se um aumento da intensidade do pico e do tamanho dos cristalitos da reflexão do plano Ag_2 O (011) com o aumento do número de impulsos de laser até 2000 (Fig. 8a). Observam-se tensões residuais compressivas para um número de impulsos de laser de 500. Um aumento adicional no número de impulsos de laser 1000 transforma as tensões residuais de compressão em tensões residuais de tração que aumentam com o aumento do número de impulsos de laser até 2000. As fissuras mais largas observadas na Fig. 8 (h) são atribuíveis à presença de tensões de tração elevadas para o número de impulsos de laser de 2000.

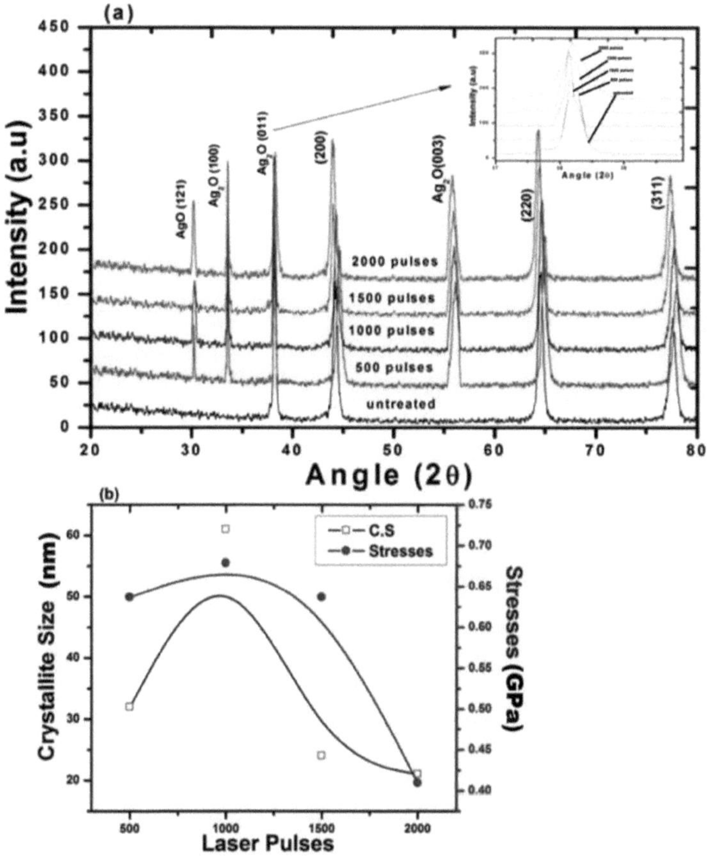

Figura 9: (a) Padrões XRD da prata pura e da prata irradiada com laser de femtosegundo exposta a vários números de impulsos laser a uma fluência fixa de 3,6 Jcm^{-2} num ambiente de água desionizada. (b) A variação do tamanho dos cristais e das tensões para diferentes impulsos.

A Fig. 9(a) mostra os difractogramas de raios X da prata não tratada e da prata irradiada com laser exposta a vários números de impulsos de laser, em ambiente de água desionizada. Novas fases de óxido de prata (Hexagonal): Ag_2 O (100), (011), (003); e (Tetragonal): AgO (121) são identificadas juntamente com as fases originais da prata. A Fig. 9(b) mostra a variação do tamanho dos cristalitos e das tensões residuais da reflexão plana Ag_2 O (011) em função do aumento dos impulsos laser.

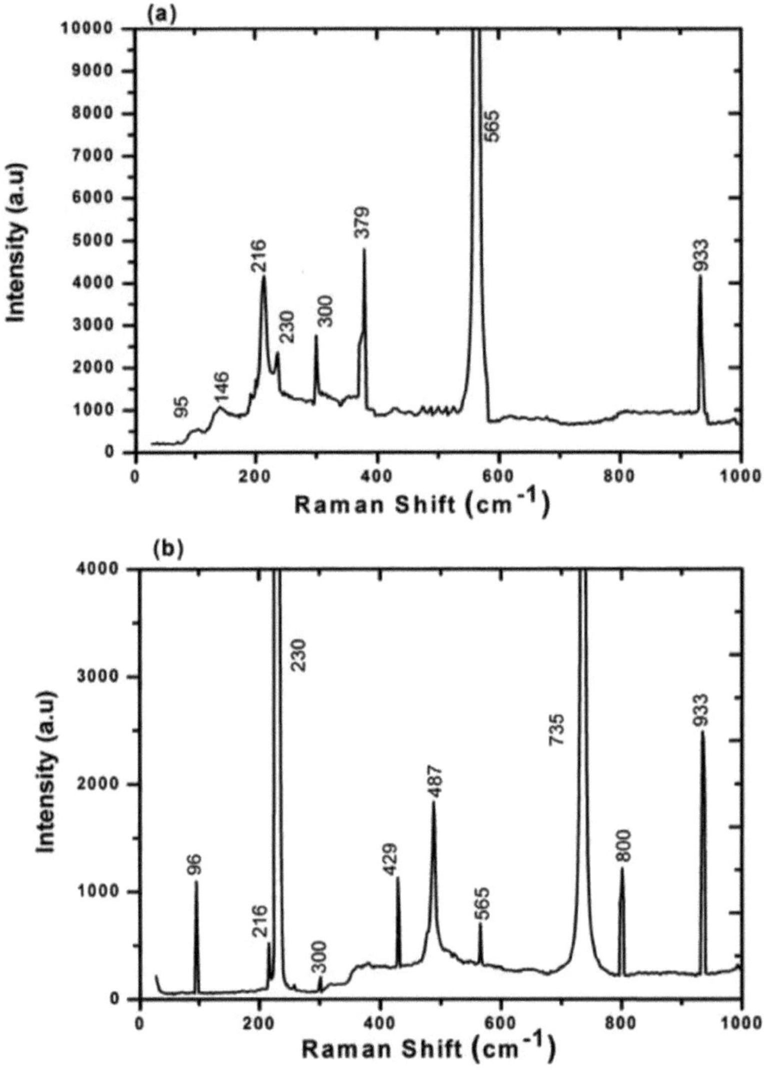

Figura 10: Espectroscopias Raman dos alvos de prata expostos a 1000 impulsos de laser de femtosegundo a uma fluência de 3,6$^{Jcm^{-2}}$ em ambientes de (a) ar e (b) etanol.

Observa-se um aumento da intensidade do pico, do tamanho dos cristalitos e das tensões residuais de tração da reflexão plana Ag_2 O (011) com o aumento do número de impulsos laser até 1000 (Fig. 9a). Um aumento adicional do número de impulsos laser até 2000 resulta numa diminuição da intensidade do pico, do tamanho dos cristalitos e das tensões residuais de tração. O aumento do tamanho da cratera e das cavidades no interior da cratera observado na Fig. 5(e-f) é atribuível ao aumento das tensões de tração e a diminuição do tamanho da cratera e o preenchimento das cavidades no interior da cratera é atribuível ao relaxamento das tensões de tração.

A Fig. 10 representa os espectros Raman de alvos de prata irradiados com uma fluência de 3,6 J/cm^2 em ambientes de (a) ar, (b) etanol para um número de 1000 impulsos laser. A Fig. 10(a) representa os espectros Raman da prata irradiada com uma fluência de 3,6 J/cm^2 em ambiente de ar para 1000 impulsos de laser. Os modos Raman são gerados na superfície da prata após a ablação por laser e a formação de óxidos na superfície metálica.

Os picos Raman identificados a 95, 146, 230, 565 e 933 cm^{-1} representam a presença de Ag_2 O, enquanto os picos observados a 216, 300 e 379 cm^{-1} são as bandas características de AgO [76, 77].

A Fig. 10(b) representa os espectros Raman da prata irradiada a uma fluência de 3,6 J/cm^2 num ambiente de etanol durante 1000 impulsos laser. Os picos Raman identificados a 96, 230, 429, 487, 565 e 933 cm^{-1} representam Ag_2 O, ao passo que os picos Raman observados a 216 e 300 cm^{-1} podem ser considerados característicos de AgO. O pico Raman a 735 cm^{-1} é a caraterística da vibração de balanço do composto metal-alquilo (M- CH_3) e o pico a 800 cm^{-1} pode ser representado como hidreto metálico (M-H) [76-78].

A Fig. 11 representa os espectros Raman de alvos de prata irradiados a uma fluência de 3,6 J/cm^2 em ambientes de (a) propanol e (b) água desionizada para um número de 1000 impulsos laser. A Fig. 11(a) representa as espectroscopias Raman da prata irradiada com uma fluência de 3,6 J/cm^2 em ambiente de propanol durante 1000 impulsos laser. Os picos Raman identificados a 229, 342, 487 e 950 cm^{-1} mostram a presença de Ag_2 O, enquanto o pico Raman observado a 734 cm^{-1} pode ser atribuído às características da vibração de balanço do composto metal-alquilo (M-CH_3). Os picos observados a 800 cm^{-1} podem ser atribuídos à caraterística de metal-hidreto (M-H) [76-78].

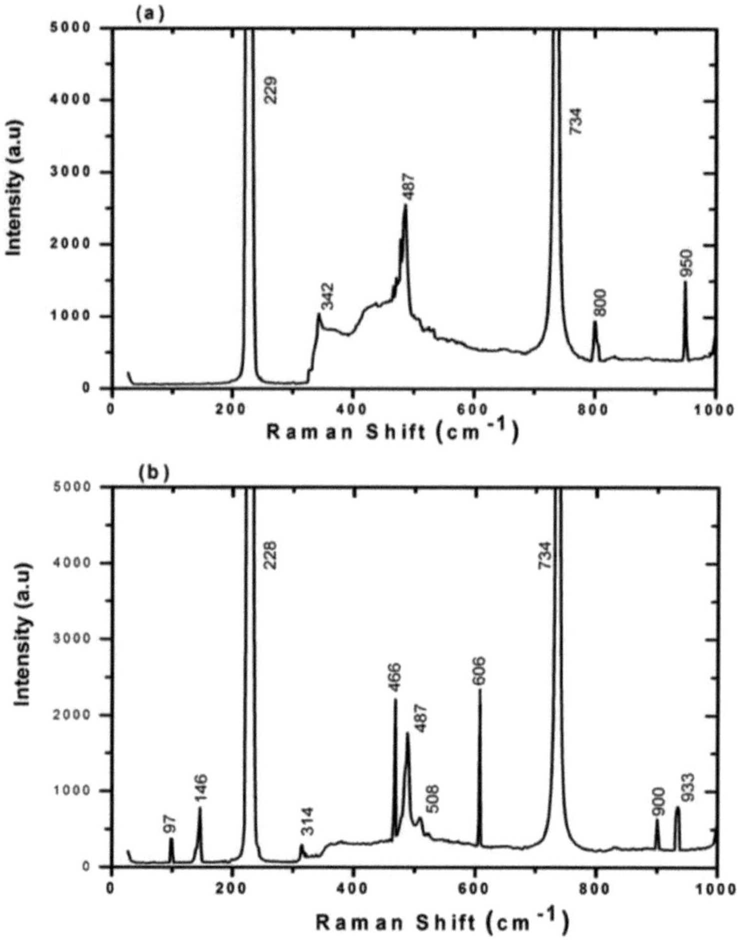

Figura 11: Espectroscopias Raman dos alvos de prata expostos a 1000 impulsos de laser de femtossegundos a uma fluência de 3,6 J/cm^{-2} em ambientes de (a) propanol e (b) água desionizada.

A Fig. 11(b) representa os espectros Raman da prata irradiada com uma fluência de 3,6 J/cm^2 em ambiente de água desionizada durante 1000 impulsos laser. O pico Raman identificado a 97, 146, 228, 487 e 933 cm^{-1} representa Ag_2 O, enquanto o pico Raman observado a 466 cm^{-1} pode ser atribuído como a caraterística de AgO. Os picos Raman observados a 314, 508 e 606 cm^{-1} representam o grupo hidroxilo, enquanto os picos observados a 734 e 900 cm^{-1} podem ser considerados como as características do modo de estiramento M-O do hidróxido de metal (M-OH) [76-78].

A comparação dos quatro meios acima referidos mostra diferenças na estrutura química das superfícies. A irradiação da prata em ar, etanol e água desionizada mostra a formação de uma mistura de Ag_2O e AgO, enquanto a irradiação em propanol mostra a formação de Ag_2O. A formação do composto metal-alquilo ($M-CH_3$) e do hidreto metálico (M-H) é confirmada no caso do etanol e do propanol, ao passo que a formação do hidróxido metálico (M-OH) é evidente apenas no caso da água desionizada. A análise XRD confirma a formação de Ag_2O e AgO tanto em ambiente seco como líquido.

As forças intermoleculares determinam as características físicas e químicas de uma substância, tais como os pontos de ebulição e de fusão, a viscosidade, a solubilidade, a volatilidade e a tensão superficial. O etanol (C_2H_6O) é mais volátil do que o propanol (C_3H_8O) e a água desionizada (H_2O), uma vez que entra em ebulição a uma temperatura muito mais baixa (78,24° C) do que o propanol (82° C) e a água desionizada (100° C). A força das forças intermoleculares no etanol e no propanol é muito menor do que na água. Na água, a ligação de hidrogénio intermolecular ocorre devido à presença de uma ligação O-H altamente polar na molécula H_2O. Tanto o etanol como o propanol podem também participar na ligação de hidrogénio, mas não tão bem como a água, porque têm uma região não polar. O calor de vaporização da água é de 44 kJ/mol e a sua pressão de vapor é de 3,17 kPa a 25° C. Já para o etanol, o valor do calor de vaporização é de 38,56 kJ/mol e a pressão de vapor é de 7,86 kPa a 25° C. Para o propanol, o valor do calor de vaporização é de 45.4 kJ/mol e a sua pressão de vapor é de 6,02 kPa a 25° C. Note-se que o valor do calor de vaporização é mais elevado para o propanol, o que significa que uma molécula de propanol absorve mais energia (calor) quando se evapora em comparação com uma molécula de água. No entanto, a massa molar da água é de 18 g/mol e a do propanol é de 60 g/mol, o que é mais do triplo da massa da água, o que significa que, quando 1 grama de água se evapora, absorve quase três vezes mais calor do que 1 grama de propanol que se evapora. Assim, o propanol ferve a uma temperatura mais baixa do que a água, e a sua pressão de vapor de equilíbrio é mais elevada a todas as temperaturas. Para o etanol, o valor do calor de vaporização é 38,56 kJ/mol e a sua massa molar é 46,07 g/mol. O calor de vaporização do etanol é inferior ao do propanol e ao da água, mas a sua pressão de vapor é mais elevada a 25° C. A partir desta discussão, torna-se claro que a volatilidade do etanol é a mais elevada entre os três meios e, se compararmos a volatilidade do propanol e da água, o propanol é mais volátil, responsável pela formação de vários compostos de titânio.

Os resultados de XRD e Raman revelam a formação de óxido de prata (Ag_2O, AgO), composto metal-alquilo (M-CH_3) e hidreto metálico (AgH) no caso de ablação em etanol e propanol, enquanto que, no caso de ablação em água desionizada, se formam óxido de prata (Ag_2 O, AgO) e hidróxido de prata (AgOH). A ablação por laser pulsado em líquidos é um processo extremamente desequilibrado. Quando os impulsos laser de femtossegundos irradiam a interface entre o líquido e o alvo sólido através do líquido, a libertação da energia do impulso pode ocorrer num tempo ultra-curto. As espécies ejectadas terão uma grande energia cinética após a irradiação e formar-se-á uma pluma de plasma na interface. A pluma de plasma expande-se adiabaticamente enquanto o líquido a confina. Os efeitos de confinamento do líquido levam a pluma de plasma a um estado termodinâmico mais elevado, no qual a pressão e a temperatura atingem valores muito elevados [79, 80]. As espécies da pluma colidem e reagem com as moléculas do líquido circundante e formam preferencialmente os materiais metaestáveis nestes estados extremos. Além disso, os efeitos de arrefecimento do líquido podem causar a extinção da pluma de plasma que solidifica e preserva os materiais metaestáveis no rendimento final. No nosso caso, as fases hexagonal (Ag_2 O) e tetragonal (AgO) do óxido de prata nos quatro meios, juntamente com o composto metal-alquilo (M- CH_3) e o hidreto metálico (M-H) no caso do etanol e do propanol e o modo de estiramento M-O do hidróxido metálico (M-OH) no caso da água desionizada são sintetizados e redepositados sobre a superfície após a rápida extinção da pluma de plasma à temperatura ambiente.

4.3Efeito nas propriedades mecânicas da superfície

A amostra de prata não tratada apresenta um valor de nanodureza de 0,27 GPa. A Fig. 12 mostra a variação da nanodureza de alvos de titânio irradiados com laser de femtosegundo em função do aumento do número de impulsos de laser.

A Fig. 12(a) mostra a variação da nano-dureza após irradiação em ambiente de ar ambiente. Para 500 impulsos de laser, observa-se um valor de nanodureza de 0,28 GPa. O aumento do número de impulsos laser até 2000 mostra um aumento contínuo da nanodureza até 0,36 GPa. A Fig. 12(b) mostra a variação da nanodureza após irradiação em ambiente de etanol. Observa-se um aumento da nano-dureza após a irradiação. Para 500 impulsos de laser, observa-se um valor de nanodureza de 0,38 GPa. O aumento do número de impulsos laser até 2000 mostra uma diminuição contínua da nanodureza até 0,29 GPa, que é a nanodureza da prata não irradiada.

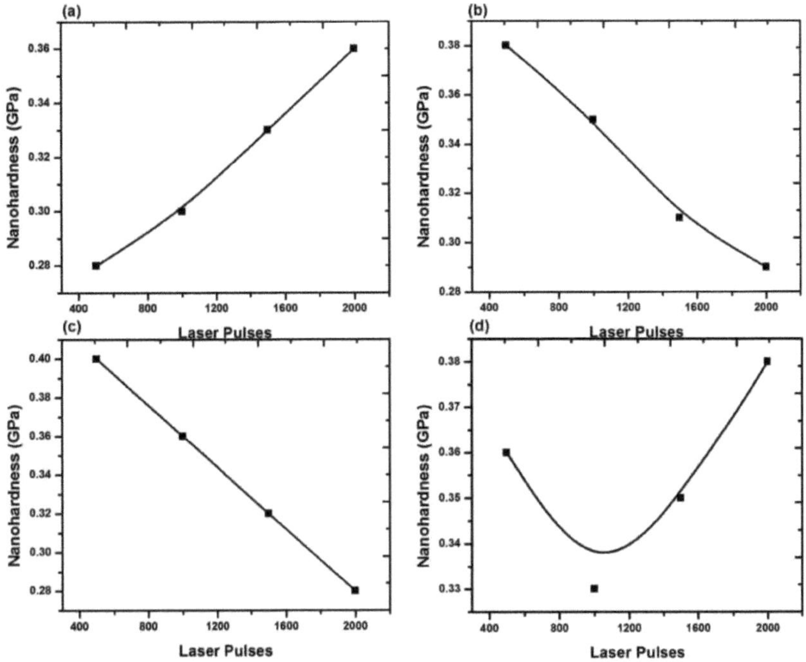

Figura 12: Variação da nano-dureza da prata tratada a laser em ambiente (a) ar, (b) etanol, (c) propanol e (d) água desionizada.

A Fig. 12(c) mostra a variação da nanodureza após irradiação em ambiente de propanol. Tal como no ambiente de etanol, observa-se um aumento da nanodureza da superfície após a irradiação. Para 500 impulsos de laser, observa-se um valor de nanodureza de 0,40 GPa. O aumento do número de impulsos laser até 2000 mostra uma diminuição contínua da nano-dureza até 0,28 GPa, que é a dureza da prata não irradiada.

A Fig. 12(d) mostra o aumento da nano-dureza após irradiação em ambiente de água desionizada. Para 500 impulsos de laser, observa-se um valor de nanodureza de 0,36 GPa. O aumento do número de impulsos de laser até 1000 mostra uma diminuição da nanodureza até 0,33 GPa. Um aumento adicional do número de impulsos laser até 2000 mostra um aumento da nanodureza até 0,38 GPa.

O aumento da nano-dureza do titânio tratado em ambiente de ar é atribuível à difusão intersticial de oxigénio na rede, o que resulta na diminuição do tamanho dos cristalitos e das tensões residuais de tração (Fig. 6b)[81, 82]. O tamanho mais pequeno dos cristalitos é eficaz na obstrução do movimento de deslocação e é responsável por uma elevada resistência e dureza. A diminuição do valor da dureza dos alvos de titânio irradiados em ambiente de etanol e propanol pode ser explicada com base no aumento das tensões residuais de tração. A difusão de oxigénio/hidrogénio através dos limites do grão resulta em cristalitos maiores (Fig. 7b, 8b) que são mais propensos a engrossar, levando a uma menor densidade de cristalitos e, consequentemente, a uma menor dureza [81-83]. Este aumento/diminuição do valor da dureza depende de vários factores, incluindo os defeitos da rede, a densidade dos teores de óxido, a composição das fases, o tamanho e a distribuição dos grãos e a estrutura cristalina [84].

Estes resultados também podem ser verificados utilizando a relação Hall-Petch [85]:

$$H = H_o + K_H(d)^{-1/2}$$

Onde H_o e K_H são constantes experimentais, d é o tamanho médio do grão e H é a dureza. A presença de hidretos mostra efeitos prejudiciais nas propriedades mecânicas [86, 87]. Esta pode também ser outra razão para a diminuição da dureza após a irradiação em ambientes de etanol e propanol.

Conclusão

A morfologia da superfície da prata ablacionada por laser de femtossegundo foi investigada em correlação com as alterações produzidas nas suas propriedades estruturais e mecânicas. A interação da prata com o laser pulsado de femtosegundo em ambientes confinados ao ar e a líquidos leva à formação de vários tipos de características, incluindo nanoporos, nanoprotrusões orientadas aleatoriamente, nanocavidades, nanorims e LIPPS com periodicidade quase igual ao comprimento de onda do laser durante a irradiação em ambiente aéreo, ao passo que durante a ablação em ambiente de etanol é evidente a formação de estruturas dendríticas e LIPSS de menor periodicidade, juntamente com a presença de crateras e cavidades. Durante a irradiação em ambiente de propanol, observam-se fissuras mais largas, enquanto no caso de ambiente de água desionizada se observam crateras de maiores dimensões, juntamente com cavidades no interior das crateras. A análise EDS confirma o aumento do teor de oxigénio após a irradiação nos quatro meios. O XRD revela a formação de óxido de prata (Ag_2O, AgO) após a ablação em todos os meios. Os resultados de Raman também mostram a formação de óxidos de prata nos quatro meios, juntamente com a formação de compostos de metal-alquilo ($M\text{-}CH_3$) e hidreto de metal (M-H) no caso do etanol e do propanol e de hidróxido de metal (M- OH) no caso da ablação em água desionizada. As variações observadas na composição química são também responsáveis pelas diferenças na estruturação da superfície após a ablação em ambos os meios. A nanodureza aumenta no caso do ar com o aumento do número de impulsos de laser, ao passo que, no caso do etanol e do propanol, diminui com o aumento do número de impulsos de laser. No caso da água desionizada, observa-se primeiro uma diminuição e depois um aumento da dureza com o aumento do número de impulsos de laser devido a variações no tamanho dos cristalitos. Estes resultados podem ser verificados utilizando a relação Hall-Petch.

Referências

1. R. Srinivasan, B. Braren *Ultra voilet ablation of organic polymers.* Chemical Reviews, 1989. **89**: p. 1303-1316.

2. S. Lazare, V. Granier, *Ultraviolet laser photoablation of polymers: a review and recent results.* Laser Chemistry, 1989. **10**: p. 25-40.

3. Root, R., *Laser-induced plasma and applications.* 1989, Nova Iorque: Marcel Dekker.

4. Bauerle, D., *Laser Processing and Chemistry.* 2000, Springer, Berlim.

5. JC. Miller, Haglung Jr R, editores, ed. *Laser ablation-mechanisms and applications.* 1991, Springer-Verlag: Berlim.

6. E. Fogarassy, S. Lazare *Laser ablation of electronic materials-basic mechanisms and applications.* 1992, Amesterdão: Elsevier.

7. Chrisey, D.B., e G. K. Hubler, *Pulsed Laser Deposition of Thin Films.* 1996, EUA: John Wiley & Sons Inc.

8. B.N. Chichkov, C.M., S. Nolte, A. Alvensleben, A. Tunnermann, *Femtosecond, picosecond and nanosecond laser ablation of solids.* Applied Physics A, 1996. **63**: p. 109-115.

9. Dirscherl, M., *Ultrakurzpulslaser - Grundlagen undAnwendungen.* 2005.

10. J. Konig, T. Bauer, *Fundamentos e aplicações industriais de lasers pulsados ultracurtos na Bosch em: Photonics West.* 2011, San Fransisco.

11. A. Miotello, R. Kelly, *Laser-induced phase explosion: new physical problems when a condensed phase approaches the thermodynamic critical temperature.* Applied Physics A. **69**(1 Supplement): p. 67.

12. Mannion , P.T., J. Magee, E. Coyne, G.M. O'Connor, T.J. Glynn, *The effect of damage accumulation behaviour on ablation thresholds and damage morphology in ultrafast laser micro-machining of common metals in air.* Applied Surface Science 2004. **233**: p. 275-287.

13. Y. Reg, K.H.L., M. Schmidt, *Influence of processing gas on the ablation quality at ns-laser beam ablation, in: Lasers in Manufacturing.* Physics Procedia. 2011, Munique.

14. Patil, P.P., D. M. Phase, S. A. Kulkarni, S. V. Ghaisas, S. K. Kulkarni, S. M.

Kanetkar, S. B. Ogale *Reactive quenching induzido por laser pulsado na interface líquido-sólido: Oxidação aquosa do ferro.* Physical Review Letters, 1987. **58**(3): p. 238-241.

15. Ogale, S.B., *Pulsed-laser-induced and ion-beam-induced surface synthesis and modification of oxides, nitrides and carbides* Thin Solid Films, 1988. **163**: p. 215-227.

16. Devaux D, Fabbro R, Tollier L, Bartnicki E. , *Generation of shock waves by laser-induced plasma in confined geometry.* Journal of Applied Physics, 1993. **74**(2268-2273).

17. Peyre P, Fabbro R., *Laser shock processing: a review of the physics and applications.* Optical and Quantum Electronics, 1995. **27**(12): p. 1213-1229.

18. Berthe, L., R. Fabbro, P. Peyre, L. Tollier, E. Bartnicki,, *Ondas de choque de um plasma gerado por laser confinado à água.* Journal of Applied Physics, 1997. **82**: p. 2826-2832.

19. Peyer P, Scherpereel X, Fabbro R. 1998;33:1421, *Laser-shock processing of aluminium-coated 55C1 steel in water-confinement regime, characterization and application to high-cycle fatigue behaviour.* Journal of Material Science, 1998. **33**(6): p. 1421-1429.

20. Berthe L, Fabbro R, Peyre P, Bartnicki E Dependência *do comprimento de onda da geração de ondas de choque laser no regime de confinamento de água.* Journal of Applied Physics, 1999. **85**: p. 7552-7555.

21. Berthe L., Sollier A., Peyre P., Fabbro R., Bartnicki, *The generation of laser shock waves in a water-confinement regime with 50 ns and 150 ns XeCl excimer laser pulses.* Journal of Physics D: Física Aplicada, 2000. **33**: p. 2142-2145.

22. Sollier A, Berthe L, Fabbro R., *Modelação numérica da transmissão do plasma de rutura gerado na água durante o processamento de choque a laser.* The European Physical Journal Applied Physics, 2001. **16**(2): p. 131-139.

23. Yavas O, Leiderer P, Park HK, Grigoropoulos CP, Poon CC, Tam AC. (tradução automática), *Enhanced acoustic cavitation following laser-induced bubble formation: longterm memory effect.* Physics Review Letters, 1994. **72**(13): p. 2021.

24. O. Yavas, P. Leiderer, H. K. Park, C. P. Grigoropoulos, C. C. Poon, W. P. Leung, N. Do, A. C. Tam, *Optical and acoustic study of nucleation and growth of bubbles at a liquid-solid interface induced by nanosecond-pulsed-laser heating.* Applied Physics A, 1994. **58**(4): p. 407-415.

25. Park HK, G.C., Poon CC, Tam AC., *Optical probing of the temperature transients during pulsed-laser induced boiling of liquids.* Applied Physics Letters, 1996. **68**(5): p. 596-598.

26. Kim D, Park HK, Grigoropoulos CP, *Interferometric probing of rapid vaporization at solid-liquid interface induced by pulsed-laser irradiation.* International Journal of Heat and Mass Transfer, 2001. **44**: p. 3843-3853.

27. Dezhi Tan, G.L., Yin Liu, Yu Teng, Yixi Zhuang, Bin Zhu, Quanzhong Zhao, Jianrong Qiu, (2011) 13:1183-1190, *Síntese de zircónia cúbica nanocristalina utilizando ablação por laser de femtosegundo.* Jornal de Investigação de Nanopartículas

2011. **13**: p. 1183-1190.

28. Tetsuo Sakka, Kotaro Saito, Yukio H. Ogata, *Confinement effect of laser ablation plume in liquids probed by self-absorption of C2 Swan band emission.* Journal of Applied Physics, 2005. **97**: p. 014902.

29. Sakka T, Saito K, Ogata YH. *Espectro de emissão das espécies abatidas de um alvo sólido submerso em líquido: temperatura vibracional de moléculas C2 em geometria confinada à água.* Applied Surface Science, 2002. **197-198**: p. 246250.

30. Tetsuo Sakka, Kazuhiro Takatani, Yukio H Ogata e Mahito Mabuch, *Laser ablation at the solid-liquid interface: transient absorption of continuous spectral emission by ablated aluminium atoms i.* Journal of Physics D: Applied Physics, 2002. **35**: p. 65.

31. Saito K, T.K., Sakka T, Ogata YH. *Observação da região emissora de luz produzida por irradiação laser pulsada para uma interface sólido-líquido.* Applied Surface Science, 2002. **197**: p. 56-60.

32. Saito K, Sakka T, Ogata YH. J Appl Phys 2003;94:5530, *Espectro rotacional e avaliação da temperatura de moléculas produzidas por irradiação laser pulsada para uma interface grafite-água.* Journal of Applied Physics, 2003. **94**(9): p. 5530.

33. Jinbin Wang, Zengshun Hu, Qiuxiang Liu, Guowei Yang *Preparação de nanocristalitos por reação induzida por laser pulsado na interface líquido-sólido.* Proc. SPIE. (Processamento a laser de materiais e aplicações industriais II), 1998. **3550**: p. 65.

34. S. Zhu, Y. F. Lu, M. H. Hong, *Laser ablation of solid substrates in a water-confined environment.* Applied Physics Letters, 2001. **79**: p. 1396-1398.

35. J. Ren, M.K., L. Heeselink, Opt. Lett. 30, (2005) 1740, *Laser ablation of silicon in water with nanosecond and femtosecond pulses.* Optics Letters 2005. **30**: p. 1740-1742.

36. Nisar Ali, Shazia Bashir, Umm-i-Kalsoom, Narjis Begumg, Wolfgang Husinsky, *Nanoestruturação de zircónio por irradiação laser de femtosegundo no ambiente de ar e etanol.* Optik, 2017. **134**: p. 149.

37. A. Vogel, S. Busch, U. Parlitz, *Shock wave emission and cavitation bubble generation by picosecond and nanosecond optical breakdown in water.* Journal of Acoustic Society of America, 1996. **100**(1): p. 148-165.

38. J. C. Isselin, A. P. Alloncle, M. Autric, *On laser induced single bubble near a solid boundary: Contribution to the understanding of erosion phenomena.* Journal of Applied Physics, 1998. **84**: p. 5766.

39. Vogel A, Venugopalan V., Chemical Reviews, 2003. **103**: p. 577-644.

40. Georgious S, K.A., Chemical Reviews, 2003. **103**: p. 393.

41. Kruusing, A., *Processamento laser subaquático e assistido por água: Parte 2- Gravura, corte e métodos raramente utilizados.* Ótica e Lasers em Engenharia, 2004. **41**(2): p. 329-352.

42. B., L.y., *Laser cleaning.* 2000, Singapura: World Scientific.

43. Z. Xu, K. H. Leong, C. B. Reed, J Mater Process Tech, 2008. **206**: p. 120.

44. M. K. H. Leung, H.C.M., J. K. Yu, Int J Heat Mass Transfer, 2007. **50**: p. 4600.

45. http://geology.com/articles/uses-of-silver/.

46. M.H. Mahdieh, M. Nikbakht, Z. Eghlimi Moghadam, M. Sobhani, *Caracterização da geometria da cratera de alvos de Al irradiados por pulso único e trens de pulso de laser Nd:YAG em ar ambiente e água.* Applied Surface Science, 2010. **256**: p. 1778-1783.

47. J. Koch, F. Korte, T. Bauer, C. Fallnich, A. Ostendorf, e B.N. Chichkov, *Nanotexturing of gold films by femtosecond laser-induced melt dynamics.* Applied Physics A, 2005. **81**: p. 325-328.

48. A.Y. Vorobyev, C. Guo *Aumento da absorvência do ouro após ablação por laser multipulsos de femtosegundo.* physical Review B, 2005. **72**: p. 195422.

49. J. Bonse, A. Rosenfeld, J. Kuger, *On the role of surface plasmon polaritons in the formation of laser-induced periodic surface structures upon irradiation of silicon by*

femtosecond laser pulses. Journal of Applied Physics, 2009. **106** p. 104910.

50. P. Bizi-bandoki, S. Valette, E. Audouard, S. Benayoun, *Efeito da irradiação estacionária do laser de femtossegundo na formação de subestruturas numa superfície de aço inoxidável de molde*. Applied Surface Science, 2013 **270** p. 197- 204.

51. Umm-i-Kalsoom, S. Bashir, N. Ali, M. Akram, K. Mahmood, R. Ahmad, , *Effect of ambient environment on excimer laser induced micro and nanostructuring of stainless steel*. Applied Surface Science, 2012. **261**: p. 101-109.

52. Hewei Liu, F.C., Xianhua Wang, Qing Yang, Hao Bian, Jinhai Si, Xun Hou, *Influência de ambientes líquidos na ablação de silício por laser de femtossegundo*. Thin Solid Films, 2010 **518**: p. 5188-5194.

53. H.C. Man, K.Y. Chiu, F.T. Cheng, K.H. Wong *Estudo da adesão de um revestimento de hidroxiapatite depositado por laser pulsado em titânio nitretado por superfície a laser*. Thin Solid Films, 2009. **517**: p. 5496-5501.

54. Bonse, J., S. Hohm, A. Rosenfeld, J. Kruger, *Estruturas de superfície periódicas induzidas por laser sub-100 nm após irradiação de titânio por laser de femtossegundo Ti:safira*

pulsos no ar. Appl Phys A, 2013. **110**: p. 547-551.

55. Ryan D. Murphy, Ben Torralva, David P. Adams, Steven M. Yalisove, *Formação de estrutura de superfície periódica induzida por laser resultante da irradiação ultra-rápida de pulso único de microestruturas de Au em um substrato de Si*. Applied Physics Letters, 2013. **102**: p. 211101.

56. A. A. Ionin, S. I. Kudryashov, S. V. Makarov, A. A. Rudemko, L. V. Seleznev, D. V. Sinitsyn, E. V. Golosov, Y. R. Kolobov, A. E. Ligachev *"Hetrogeneous" versus "homogeneous" nucleação e crescimento de microcones na superfície de titânio sob irradiação UV femtosecond-laser* Applied Physics A, 2013. **xxx**: p. xxx-xxx.

57. M. M. Martynyuk, *Vaporização e ebulição de metal líquido num fio explosivo*. Física Soviética - Física Técnica, 1974. **19**: p. 793.

58. Quanming Lu, Samuel S. Mao, Xianglei Mao, Richard E. Russo *Análise teórica da dependência do comprimento de onda da explosão de fase do silício induzida por laser*. Journal of Applied Physics, 2008. **104**: p. 083301.

59. S. Bashir, H. Vaheed, K. Mahmood, *ablação de latão por laser pulsado de nanossegundos num ambiente seco e confinado a líquidos*. Física Aplicada A, 2013. **110**(2): p. 389-395.

60. Umm-i-Kalsoom, Shazia Bashir, Nisar Ali, Mahreen Akram, Khaliq Mahmood, Riaz Ahmad, *Efeito do ambiente na micro e nanoestruturação de aço inoxidável induzida por excimer laser.* Applied Surface Science 2012 **261**: p. 101-109.

61. Nicholas A. Mailman, *An Investigation of Ultrashort Laser Pulse Modification of Diamond*, no *Departamento de Física, Escola de Estudos de Pós-Graduação.* 2009, McMaster University Hamilton , Ontario.

62. Shafaq Arif, M. Shahid Rafique, Farhat Saleemi, Fabian Naab, Ovidiu Loader, Riffat Sagheer, Shazia Bashir, Rehana Zia, Khurram Siraj, Saman Iqbal, *Análise topográfica e estrutural da superfície do polimetilmetacrilato implantado com Ag+.* Instrumentos nucleares e métodos de investigação em física B, 2016 **381**: p. 114-121.

63. Douglas, B.C., K. H. Graham, *Pulsed laser deposition of thin films.* 1994, Singapura: Wiley-interscience Publication, Nova Iorque, Chichester, Brisbane, Toronto

64. Amorusso, S., R. Bruzzese, N. Spinelli, R. Velotta, *Characterization of laser ablation plasmas.* Journal of Physics B: Atomic, Molecular and Optical Physics, 1999. **32**: p. R131-R172.

65. Muravitskaya, E.V., V.A. Rosantsev, M.V. Belkov, E.A. Ershov-Pavlov, E.V. Klyachkovs, *Laser ablation in liquids as a new technique of sampling in elemental analysis of solid materials.* Spectrochimica Ata Part B, 2009 **64**: p. 119-125.

66. J. C. Miller, R. F. Haglund, ed. *Laser Ablation and Deposition.* 1998, Académico: Nova Iorque.

67. R. F. Wood, C. W. White, R. T. Young, ed. *Pulsed Laser Processing of Semiconductors (Processamento de Semicondutores por Laser Pulsado).* 1984, Académico: Orlando.

68. Ashraf, M., S. M. J. Akhtar, A. F. Khan, Z. Ali, A. Qayyum,, *Efeito do recozimento nas propriedades estruturais e optoelectrónicas de películas finas nanoestruturadas de ZnSe.* Journal of Alloys and Compounds, 2011. **509** (5): p. 2414-2419.

69. Khan, I.A., M. Hassan, R. Ahmad, A. Qayyum, G. Murtaza, M. Zakaullah, R.S. Rawat, , *Nitretação de zircónio utilizando iões energéticos de um dispositivo de foco de plasma.* Thin Solid Films, 2008. **516**(23): p. 8255-8263.

70. http://tnmsc.cn/down/2013/02 en/37-p0543.swf.

71. Mahmood, K., N. Farid, I. M. Ghauri, N. Afzal, Y. Idrees, F. E. Mubarik, *Effects*

of laser irradiation on the mechanical response of polycrystalline titanium. Physica Scripta, 2010. **82**: p. 045606-045613.

72. Nisar Ali, Shazia Bashir, Umm-i-Kalsoom, Mahreen Akram, Khaliq Mahmood, *Efeito do ambiente seco e húmido na ablação de titânio por laser pulsado.* Ciência da Superfície Aplicada, 2013. **270**: p. 49-57.

73. V.N. Gurarie, P.H.Otsuka, D.N. Jamieson, S. Prawe, *Crack-arresting compression layers produced by ion implantation.* Nuclear Instruments and Methods in Physics Research B, 2006. **242**(1-2): p. 421-423.

74. Barata, A., L. Cunha, C. Moura, *Caracterização de filmes de nitreto de crómio produzidos por técnicas de PVD.* Thin solid Films, 2001. **398-399**: p. 501-506.

75. Bashir, S., M. S. Rafique, W. Husinsky, *Surface topography of ultrashort laserirradiated CaF2.* Rad. eff. & def. sólido 2011. **166**: p. 30-34.

76. N Ravi Chandra Raju, K.J.K.a.A.S., *Physical properties of silver oxide thin films by pulsed laser deposition: effect of oxygen pressure during growth.* Jornal de Física D: Física Aplicada, 2009. **42**: p. 135411.

77. Irene Martina, Rita Wiesinger, Dubravka Jembrih-Simburger, Manfred Schreiner, *Características micro-Raman de produtos de corrosão da prata: Configuração instrumental e base de dados de referência.* M O R A N A RTD d.o.o., 2012. **9**: p. 1-8.

78. John Wiley, ed. *Frequências de grupos característicos de infravermelhos e Raman: Tables and Charts.* 3ª Edição ed. 2001, Wiley: Chichester, Reino Unido.

79. V. Amendola, M. Meneghetti *Síntese por ablação a laser em solução e manipulação do tamanho de nanopartículas de metais nobres.* Química Física Física Química, 2009. **11**: p. 3805-3821.

80. G.W. Yang, *Ablação laser em líquidos: Aplicações na síntese de nanocristais.* Progresso em Ciência dos Materiais 2007. **52**: p. 648-698.

81. Umm-i-Kalsoom, R. Ahmad, N. Ali, I. A. Khan, S. Saleem, U. Ikhlaq, N. Khan, *Efeito da potência e do teor de azoto na deposição de filmes de CrN utilizando plasma de pulverização catódica DC Magnetron Sputtering.* Plasma Sci. & Technol, 2013 **15**(7): p. 666-672.

82. Kusaka, K., D Taniguchi , T Hanabusa , K Tominaga, , *Effect of input power on crystal orientation and residual stress in AIN film deposited by dc sputtering* Vacuum, 2000 **59**(2): p. 806-813.

83. P. Corengia, G. Ybarra, C. Moina, A. Cabo, E. Broitman, *Estudos microestruturais e topográficos do aço de baixa liga AISI4140 nitretado por plasma pulsado DC.* Tecnologia de superfícies e revestimentos, 2005. **200**: p. 2391-2397.

84. B. Warcholinski, A. Gilewicz, J. Achiev. Mater. Manuf. Eng. , 2009. **37**: p. 498.

85. Y.Y. Lim, M.M. Chaudhri, Philos. Mag. A 2002. **82**: p. 2071.

86. M.L. Wasz, F.R. Brotzen, R.B. Mclellan, A.J. Griffin, *Effect of oxygen and hydrogen on mechanical properties of commercial purity titanium (Efeito do oxigénio e do hidrogénio nas propriedades mecânicas do titânio de pureza comercial).* International Materials Reviews, 1996. **41**: p. 1-12.

87. M.J. Donachie, *Titanium: A Technical Guide.* 1988: ASM, Metals Park, OH.

MIX
Papier aus verantwortungsvollen Quellen
Paper from responsible sources
FSC® C105338

Printed by Books on Demand GmbH, Norderstedt / Germany